普通高等教育"十三五"规划教材·艺术与设计

3ds MAX数字动画实用教程

彭国华　陈红娟　梁海鹏　编著

电子工业出版社

Publishing House of Electronics Industry

北京·BEIJING

内容简介

本书是《3ds MAX三维动画制作技法（基础篇）》的姊妹篇，是《3ds MAX三维动画制作技法（动画篇）》的升级版本，主要讲解3ds MAX动画制作原理及解析和在建筑动画表现中的关键技术。本书共12章，由动画基础篇和动画应用篇两部分组成。通过本书学习，读者能够掌握3ds MAX动画制作的技法，并可独立制作完成建筑漫游动画作品。

本书的特色是工具命令与精彩实例相结合，通过经典案例的阐述，由浅入深，循序渐进，涵盖面广，细节描述清晰细致，帮助读者理解三维动画的产生和运用方法。本书配有丰富的教学资源，包含相关素材、视频及教学课件等。

本书可以作为高等院校动画专业、环境艺术设计专业等相关专业本科、研究生的教材，也可作为培训机构的培训教材或自学参考书。

图书在版编目（CIP）数据

3ds MAX数字动画实用教程 / 彭国华，陈红娟，梁海鹏编著. —北京：电子工业出版社，2017.7
ISBN 978-7-121-31510-7

Ⅰ.①3… Ⅱ.①彭… ②陈… ③梁… Ⅲ.①三维动画软件－高等学校－教材 Ⅳ.①TP391.414

中国版本图书馆CIP数据核字（2017）第105070号

策划编辑：章海涛
责任编辑：戴晨辰
印　　刷：中国电影出版社印刷厂
装　　订：中国电影出版社印刷厂
出版发行：电子工业出版社
　　　　　北京市海淀区万寿路173信箱　邮编：100036
开　　本：787×1092　1/16　印张：19.25　字数：499千字
版　　次：2017年7月第1版
印　　次：2024年12月第12次印刷
定　　价：76.00元

前　言

PREFACE

近年来，三维动画在影视领域中取得了非凡的成就，国内外许多影视、广告都运用三维动画技术和计算机软硬件的配合制作出令人赏心悦目的视觉效果。从简单的几何体模型（如一般产品展示、艺术品展示）到复杂的人物模型，从静态、单个的模型展示到动态、复杂的场景（如房产酒店三维动画、三维漫游、三维虚拟城市、角色动画），所有这一切，三维动画都能依靠强大的技术实力来实现。三维动画因为比平面图更直观，更能给观赏者以身临其境的感觉，从而在各行各业（如影视特技、电视广告与栏目包装、建筑表现与漫游动画、动画短片制作和游戏制作等）得到广泛的应用。特别是三维动画技术广泛地应用于电影特效制作（如爆炸、烟雾、下雨、光效等）、特技（撞车、变形、虚幻场景或角色等）、广告产品展示、片头飞字等，能够给人超强的视觉冲击力和耳目一新的感觉，就像我们熟悉的电影《2012》、《阿凡达》，以及影片《铁臂阿童木》等，大量使用三维技术创造了史无前例的强大视觉感受，受到人们的普遍欢迎和喜爱。

随着动画产业被称为21世纪知识经济的核心产业，动画教育之热随之兴起，动画专业在各高等院校纷纷开设。目前，我国高校设置动画专业的院校已由原来屈指可数的几所增加至200多所，在校学生已达3万多人。而由美国Discreet公司开发的3ds MAX作为目前PC上最流行的三维动画制作软件，其功能强大，可以广泛地应用于影视特技、电视广告与栏目包装、建筑表现与漫游动画、动画短片制作和游戏制作等众多领域。目前，3ds MAX已经成为各高校三维动画专业首选的主要必修课。

为了让广大的三维动画初学者对三维动画有一个整体的认识并快速入门和升级，本书作者从多年的三维动画教学经验出发，于2009年出版了《3ds MAX三维动画制作技法（基础篇）》（ISBN 978-7-121-09018-9），并于2015年出版了第2版（ISBN 978-7-121-24531-2），帮助初学者快速掌握3ds MAX基本操作，并掌握使用3ds MAX进行三维动画制作的技法和正确途径。其中结合大量精彩实例由浅入深地布局教材内容，既通俗易懂，又全面完整，为以后从事影视片头动画、建筑漫游动画、角色动画等专业方向打下坚实的基础。《3ds MAX三维动画制作技法（基础篇）》得到广大动画专业学生和业余读者的支持和好评，为感谢广大读者的厚爱与鼓励，作者于2010年推出了三维动画的晋级与应用篇——《3ds MAX三维动画制作技法（动画篇）》（ISBN 978-7-121-11550-9），作为系列教材，进一步讲解三维动画制作的高级技法，帮助读者解决实际动画项目制作中的关键技术和技巧方法。本书为《3ds MAX三维动画制作技法（动画篇）》的升级版本。

本书由动画基础篇和动画应用篇两部分组成。

上篇为动画基础篇，包括：第1章"动画的产生方法"，第2章"曲线编辑器动画"，第3章"动画控制器"，第4章"约束动画"，第5章"材质与修改器动画"，第6章"粒子系统"，第7章"3ds MAX

动力学"。上篇由浅入深地讲解了3ds MAX中的关键帧动画、曲线编辑器动画、材质动画、粒子系统和动力学动画基础知识。其中动画理论与经典实例相结合,对3ds MAX的动画模块进行了深入剖析。

下篇为动画应用篇,包括:第8章"建筑漫游动画概述",第9章"建筑漫游动画核心技术",第10章"建筑动画中的特效运用",第11章"灯光与渲染技术",第12章"建筑动画后期剪辑与输出"。下篇讲解了建筑动画中的关键技术,以及树木、人物、车辆、环境、特效等方面的解决方案,对建筑漫游动画的制作过程、思路、后期合成及压缩技术进行深入讲解。

针对三维动画基础建模、材质灯光、艺术场景表现不了解的读者,建议学习本书的系列教材《3ds MAX三维动画制作技法(基础篇)(第2版)》。该书通俗易懂地讲解了3ds MAX初级建模方法、中级建模方法、高级建模方法,材质、灯光及3ds MAX在动画制作领域的应用。该书作为3ds MAX的基础培训教程,既全面又具有一定难度,读者按照书中实例进行训练,可以对3ds MAX有一个全面的认识,达到中级动画培训班水平,为以后从事影视片头动画、建筑漫游动画、角色动画等专业方向打下坚实的基础。

本书配有丰富的教学资源,不仅包括教材中涉及的案例场景和贴图等文件,而且有完整的国内优秀建筑动画制作公司的建筑动画制作素材,十分实用,方便读者学习、工作使用。本书以建筑动画核心技术讲解、经典实例练习模式,贴近学习者自身学习的条件和需求,激发学习兴趣,为快速进入专业三维动画领域铺平道路。相关教学及学习资源,读者可以登录华信教育资源网(http://www.hxedu.com.cn),注册之后进行下载,也可以通过扫描以下二维码直接获取。

案例素材

操作视频

教学课件

本书可作为高等院校三维动画专业、环境艺术设计专业等相关专业本科、研究生的基础课教材,也可作为各种社会培训机构学员的培训教材和广大CG爱好者的自学参考资料。如果读者按照本书的教学进度进行授课或学习,并且配合视频参考资料观摩,对教材中的经典实例进行反复训练,并认真完成课后思考与练习,那么仅需要3~4个月的时间就可以对3ds MAX动画产生方法、约束动画、粒子系统、建筑动画等知识有一个全面、系统的认识,达到高级动画培训班水平。

本书由陕西科技大学设计与艺术学院彭国华副教授、陈红娟副教授和梁海鹏研究生共同编写,其中第1、2、3、4、5章由陈红娟编写,第6、7章由梁海鹏编写,第8、9、10、11、12章由彭国华编写。衷心希望读者能从本书中收获更多,那将是作者最欣慰的事情。在此特别感谢陕西科技大学设计与艺术学院詹秦川院长在本书编写过程中给与的支持与指导,同时感谢电子工业出版社的各位编辑在本书的编写和出版过程中对作者的帮助,正是由于他们的辛勤劳动和责任心才使得本书能够顺利出版。

尽管作者全力以赴,但错误和疏漏在所难免,望广大读者不吝提出宝贵意见。

编 者

2017年5月

学生动画作品《烟雨古镇》

学生动画作品《梦宜水香》

学生动画作品《雁塔》

学生动画作品《游戏总动员》

学生动画作品《双子迷城》

学生动画作品《碧水新城》

学生动画作品《创意魔方》

学生动画作品《意墅蓝山》

目 录

CONTENTS

上篇　动画基础篇

下篇　动画应用篇

上篇

动画基础篇

01 Chapter

动画的产生方法

本章重点

- 理解3ds MAX动画产生的思路。
- 掌握自动关键帧动画、手动关键帧动画的操作流程。
- 了解常用的动画控制快捷键。

学习目的

　　本章主要讲述3ds MAX动画命令的主要位置、常用的两种动画产生方法以及动画控制的主要快捷键。通过基础动画知识的学习，达到完成简单三维动画的目的，为三维建筑动画和栏目包装动画制作打下基础。

1.1 动画操作的基础知识

1.1.1 动画控制区的主要位置

在3ds MAX的界面中，三维动画相关的工具主要分布在以下5个区域，如图1-1所示。

① 动画菜单：包含动画相关的常用命令。

② 曲线编辑器：用功能曲线记录物体的运动轨迹。

③ 运动命令面板。

④ 动画控制区：包含动画播放、时间设置、自动关键帧、手动关键帧工具。

⑤ 时间线：控制动画时间的长短，显示关键帧所在位置。

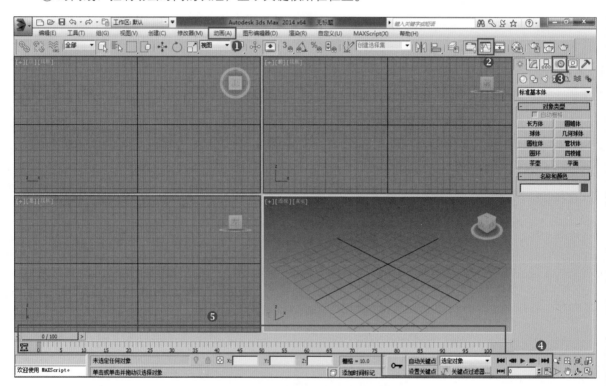

图1-1 3ds MAX界面中的动画工具区域

1.1.2 动画时间设置

动画的产生和时间是息息相关的，没有时间的变化也就不会有动画。

三维软件中的动画时间是以每秒钟走多少帧来计算的，也就是帧每秒。帧，可以理解为画面的意思。一帧就是一张静止的画面，由很多张静止的画面进行快速连续的播放，观众眼前的动画效果就产生了。

单击动画控制区的"时间配置"命令，可以弹出MAX动画"时间配置"面板，如图1-2所示。

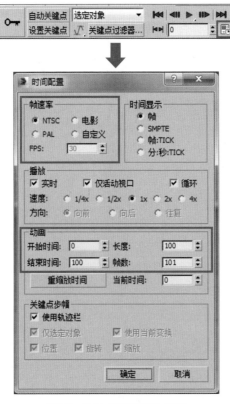

图1-2 动画"时间配置"面板

帧速率也就是每秒的帧数（帧每秒）。常用的帧速率如下。

NTSC：欧美地区电视播出标准，每秒30帧。

PAL：亚洲地区主流电视播出标准，每秒25帧。

电影：电影播出标准，每秒24帧。

自定义：用户自定义播出标准，可以在其下方的方框中自行设置，可以是每秒5帧，也可以是每秒500帧。

在时间配置的动画栏目中，主要调整时间的开始时间（Start Time）和结束时间（End Time），还有动画的长度（Length）。它们都是以帧为计算单位。

这里需要说明的是，每当开始制作一段动画，最初的一项工作往往就是时间配置，最常见的是把帧速率改为中国的电视标准PAL制，即每秒25帧，然后设置动画的制作长度，如200帧，也就是8秒。

1.2 **动画的产生方法**

在三维世界中，动画的产生有两个必备条件：时间的变换和画面的改变。

时间不发生改变就不会有动画。如照片就是静止时间记录的画面。

画面改变有很多表现形式，例如：物体位置改变、摄像机位置改变、物体材质灯光的改变等。

时间和画面都发生改变以后，需要有一种命令来记录它们的变化，这种命令就是关键帧，也可称关键点。关键帧动画常用的产生方法有两个：自动关键帧动画和手动关键帧动画。

1.2.1　自动关键帧动画

动画控制区的"自动关键点"就是"自动关键帧动画"按钮，按下"自动关键帧动画"按钮，MAX时间线和界面就会出现红色，表示进入自动关键帧动画制作模式，如图1-3所示。

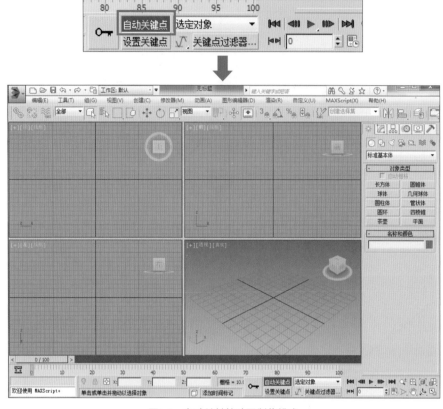

图1-3　自动关键帧动画制作模式

下面通过完成一个茶壶向前飞行的实例来学习自动关键帧动画的工作流程。

创建茶壶模型，如图1-4所示。

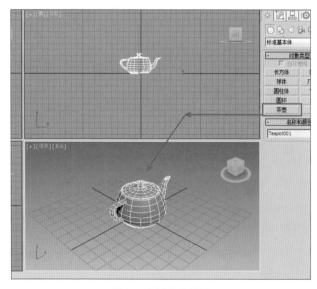

图1-4　创建茶壶模型

将茶壶在透视图中移动到左下角，单击"自动关键点"按钮，将时间线上的时间滑块位置移动到100帧，（时间改变），如图1-5所示。

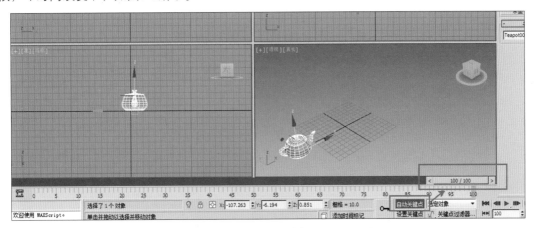

图1-5　时间改变

选择茶壶物体，将它沿X轴向前移动，再沿Y轴旋转360度（画面改变），如图1-6所示。

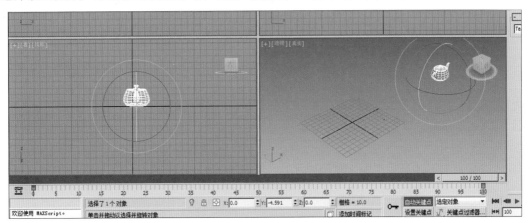

图1-6　画面改变

单击"自动关键点"按钮，关闭自动关键帧。单击"播放"动画按钮，茶壶向前翻转，飞行动画完成，如图1-7所示。

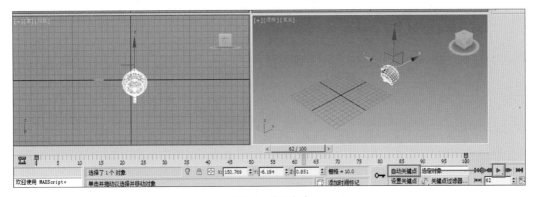

图1-7　动画完成

以上实例反映了自动关键帧动画的工作流程，包含下面四个部分：① 完成场景模型；② 打开自动关键帧记录，移动时间滑块（改变时间）；③ 变换需要设置动画的物体（画面改变）；④ 动画记录完成，关闭自动关键帧，播放动画。

采用同样的方法，可以完成物体位移、旋转、缩放等动画效果。

1.2.2 手动关键帧动画

相对自动关键帧动画命令，手动关键帧动画的工具要多一些，主要有：

① 设置关键点——手动关键帧动画开关；

② 手动关键帧记录按钮；

③ 关键点过滤器——关键帧记录项目过滤器。

如图1-8所示。

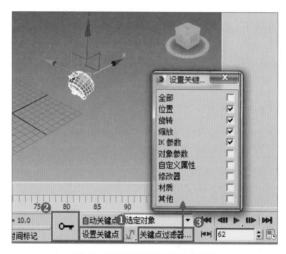

图1-8 手动关键帧动画命令面板

其中，关键点过滤器是指在哪些动画项目上记录关键帧，一般很少修改。默认开启了"位置"、"旋转"、"缩放"、"IK参数"4项，如图1-8所示。

下面，通过飞行茶壶实例来看看手动关键帧动画的工作流程。

模型完成后将设置关键点工具打开，如图1-9所示。

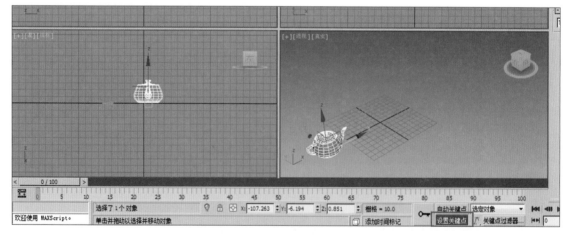

图1-9 打开设置关键点工具

保持时间第0帧位置不变，选择需要记录动画的物体（茶壶），单击"关键帧记录"按钮，记录起点关键帧，如图1-10所示。

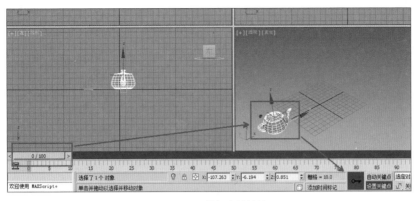

图1-10　记录起点关键帧

移动时间滑块到第100帧（改变时间），将茶壶向前移动并旋转360度（画面改变），如图1-11所示。

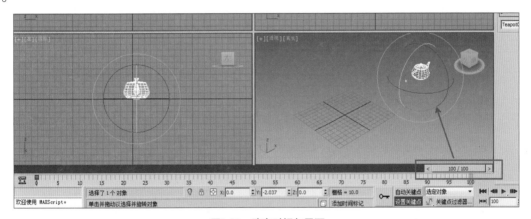

图1-11　改变时间与画面

再次单击"关键帧记录"按钮，记录茶壶飞行结束点关键帧，如图1-12所示。

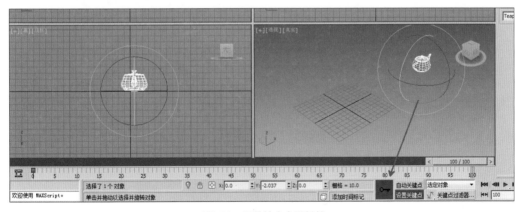

图1-12　记录结束点关键帧

关闭设置关键点记录开关，单击"播放"动画按钮，茶壶翻滚飞行动画完成。

设置手动关键帧动画由以下五个部分组成：① 完成场景模型；② 打开设置关键点动画开关，选择需要记录动画的物体，在起始帧单击"关键帧记录"按钮；③ 将时间滑块移动到第100帧，选择物体移动并旋转；④ 保持物体选择状态，再次单击"关键帧记录"按钮；⑤ 关闭设置关键点命令，播放动画，动画完成。

自动关键帧动画与手动关键帧动画相比有以下特点。

自动关键帧：操作方便灵活，但动画记录只能根据时间滑块从前往后进行。

手动关键帧：操作相对烦琐，但动画记录可由前向后进行，也可以由后向前进行动画录制，这项功能往往能解决动画制作过程中碰到的一些棘手问题。

1.2.3 关键帧的颜色信息

在关键帧制作过程中，我们会看到6种颜色的关键帧，这6种颜色关键帧包含了动画对象的6个方面的动画信息。

打开自动关键帧，对物体进行移动动画操作的时候会产生红色的关键帧，如图1-13所示。

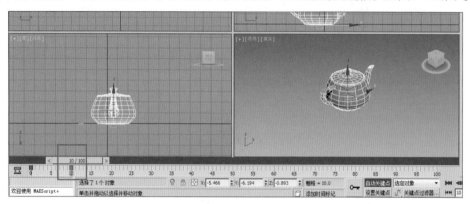

图1-13 红色位移关键帧

对物体进行旋转动画操作的时候会产生绿色的关键帧，如图1-14所示。

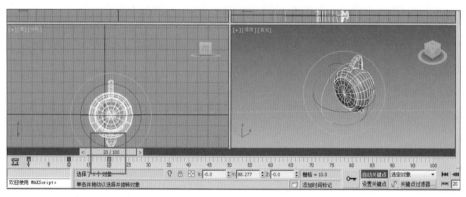

图1-14 绿色旋转关键帧

对物体进行缩放操作的时候会产生蓝色的关键帧，如图1-15所示。

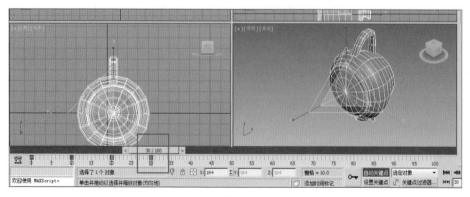

图1-15 蓝色缩放关键帧

对物体进行移动、旋转、缩放三个操作的时候会产生多色的关键帧，多色关键帧代表记录了多种动画轨道信息，如图1-16所示。

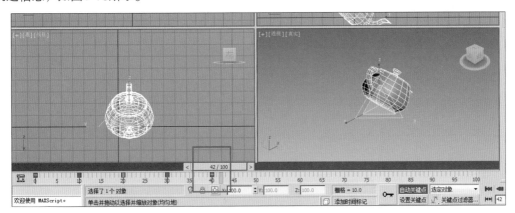

图1-16　多色关键帧

当物体发生参数变化的时候会产生灰色的关键帧，如图1-17所示。

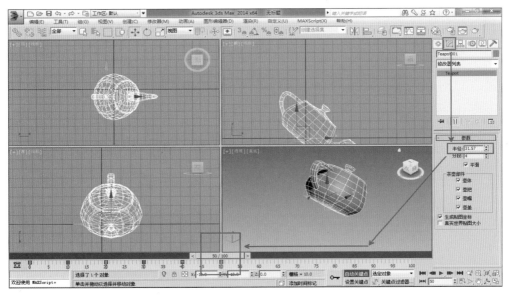

图1-17　灰色关键帧

单击时间线，框选关键帧，发现选择的关键帧是白色，如图1-18所示。

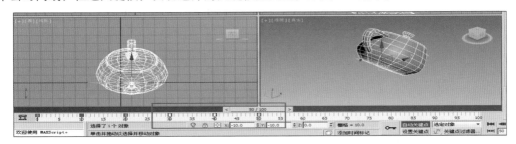

图1-18　白色关键帧

下面总结一下关键帧颜色所包含的动画信息，如图1-19所示。

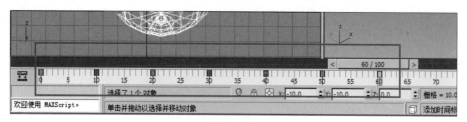

图1-19　关键帧颜色所包含的动画信息

红色：移动动画信息。

绿色：旋转动画信息。

蓝色：缩放动画信息。

多色：多色是由红、绿、蓝中的两种颜色或三种颜色组成的，代表包含移动、旋转、缩放相应的动画信息。

灰色：物体参数动画，灰色中还可能包含移动、旋转、缩放动画信息。

白色：用户已经选择的关键帧。

1.2.4　动画控制快捷键

在动画控制区，有一些常用的动画控制快捷键，掌握它们有助于提高工作效率，如图1-20所示。

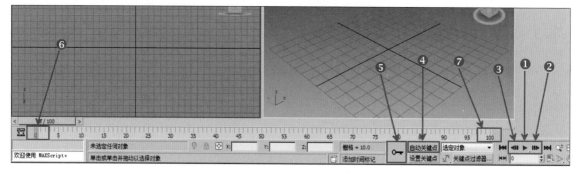

图1-20　常用的动画控制命令

① 播放动画命令：键盘"？"为快捷键。

② 时间滑块向前移动1帧：键盘">"为快捷键。

③ 时间滑块向后移动1帧：键盘"<"为快捷键。

④ 自动关键点开关：键盘"N"为快捷键。

⑤ 手动关键帧记录开关：键盘"K"为快捷键。

⑥ 改变动画的开始帧数（动画起始时间）：Ctrl+Alt+鼠标左键单击时间线起始点左右拖动。

⑦ 改变动画的结束帧数（动画结束时间）：Ctrl+Alt+鼠标右键单击时间线结束点左右拖动。

1.3　基础动画实例

1.3.1　物体显示和隐藏动画

显示和隐藏动画是常见的一种动画类型，也是展现魔幻般的动画艺术效果的重要手段。合理运用显隐动画技术，能够得到令人出乎意料的视觉效果。

使用下面一个动画脚本来完成一段显隐动画：在一片荒凉的黄土地上，渐渐地出现了一棵长着花儿的小草，在小草的旁边又出现了一圈小石头。

首先完成场景的制作，如图1-21所示。

图1-21 场景制作

在顶视图创建平面物体，调整平面物体的段数，如图1-22所示。

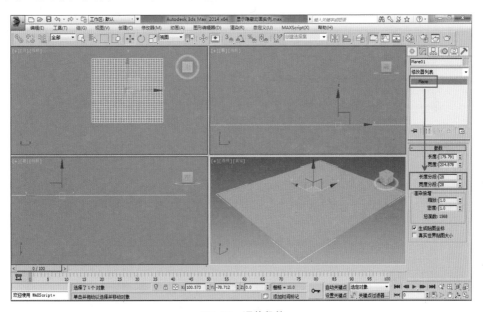

图1-22 调整段数

进入修改面板，为平面物体添加"编辑多边形"修改器，使用编辑多边形工具最下端的"绘制变形"工具对模型进行修改，注意调整推/拉强度和笔刷大小数值，如图1-23所示。

使用"绘制变形"工具修改后的平面如图1-24所示。

创建三维形体中的"AEC扩展"几何体，选择"芳香蒜"植物，在地面合适的位置创建植物，如图1-25所示。

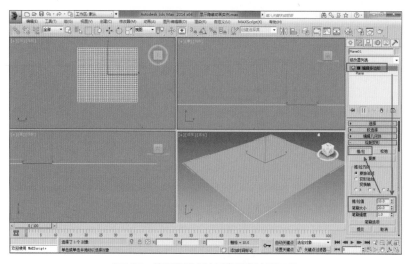

图1-23　使用编辑多边形的绘制变形工具

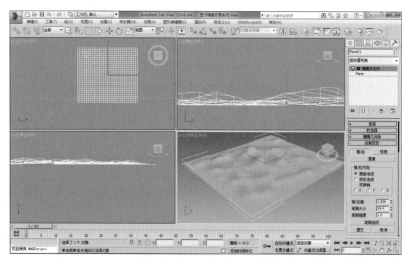

图1-24　绘制变形出凹凸不平的地面

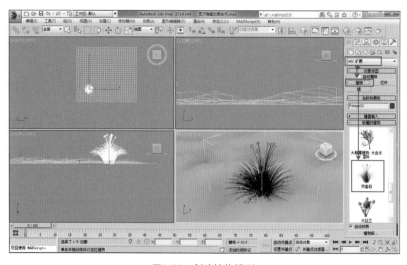

图1-25　创建植物模型

创建球体，添加FFD变形工具，调整控制点的位置，做出石头的基本形态，如图1-26所示。

图1-26　创建石头模型

对石头进行复制，旋转到随机角度自然摆放，场景模型完成，如图1-27所示。

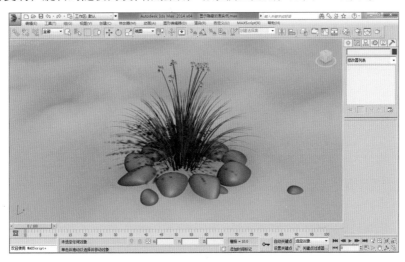

图1-27　完成场景

选择所有的石头，使用"组"菜单的"组"命令对它进行成组设置，如图1-28所示。

图1-28　石头物体成组

下面，首先让植物完成由隐藏到显示的动画。

选择植物模型，单击工具栏"曲线编辑器"命令，弹出"曲线编辑器"浮动面板，如图1-29所示。物体的显隐动画通常在"曲线编辑器"中完成。

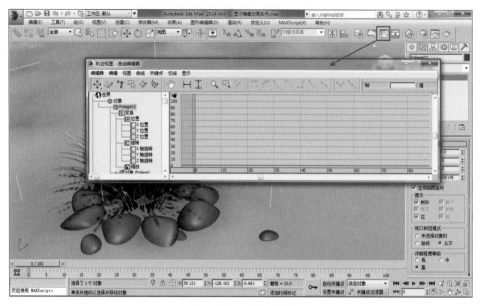

图1-29 进入"曲线编辑器"

曲线编辑器左侧"世界"下面，显示为黄色的物体是场景中选择的物体，如图1-30所示。

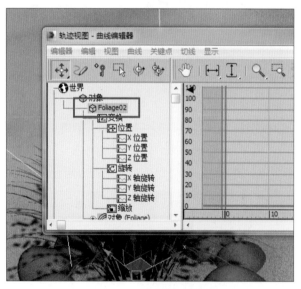

图1-30 场景中选择的物体

单击植物的名称，使其变成黄色，然后在"编辑"菜单中选择"可见性轨迹"→"添加"。这样就为植物添加了物体的可见性轨迹（默认情况下物体的可见性轨迹都是没有开启的），如图1-31所示。

选择"可见性轨迹"，使用"增加关键帧"命令在可见性轨迹曲线第20帧和第40帧上分别添加关键帧。默认添加的关键帧数值都是1，代表可见，如图1-32所示。

如果需要植物渐渐出现，就需要将第20帧处的可见性关键帧的数值改为0。0代表物体不可见，如图1-33所示。

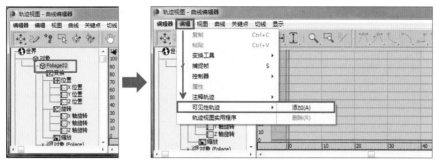

图1-31　添加可见性轨迹

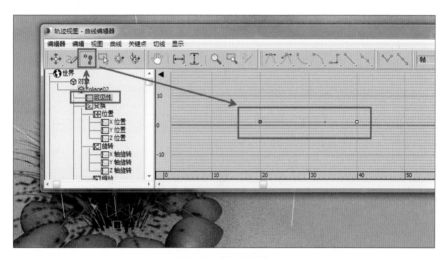

图1-32　添加关键帧

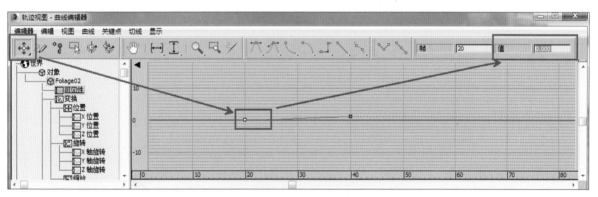

图1-33　设置关键帧可见性数值

关闭曲线编辑器，单击"播放"动画按钮可以发现植物由消失到慢慢出现的动画完成了。

下面选择石头群组物体，使用同样的方法增加关键帧轨迹，在第50帧和第70帧的位置添加可见性关键帧，调整第50帧处数值为0，石头的显隐动画就完成了，如图1-34所示。

关闭曲线编辑器后播放动画，发现植物和石头的显隐动画完成了。

如果需要它们之间的动画衔接更加紧密，可以选择并移动物体的可见性关键帧，如图1-35所示。

播放动画效果，植物和石头依次出现的效果完成，如图1-36所示。

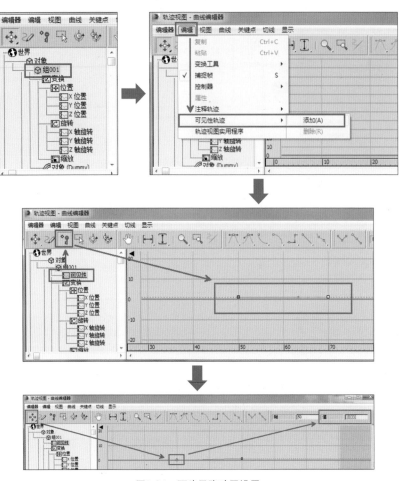

图1-34　石头显隐动画设置

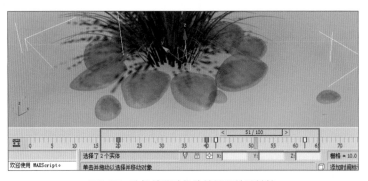

图1-35　选择并移动物体的可见性关键帧

图1-36　最终动画效果

1.3.2 翻开的书本

书本翻开是常见的一种动画效果，它主要由弯曲动画和旋转动画配合完成。

下面看一下制作一本书翻开的动画过程。

书籍主体模型是一个"Box"（长方体），翻开的那一页由另外一个"Box"（长方体）组成，由于翻开的那一页书要弯曲，所以在相应的轴上增加了段数，如图1-37所示。

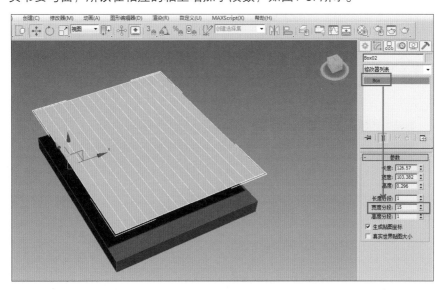

图1-37 增加段数

进入层级命令面板，选择"仅影响轴"（Effect Pivot Only）命令，将轴心位置移动到书的侧面，完成后取消"仅影响轴"命令，如图1-38所示。

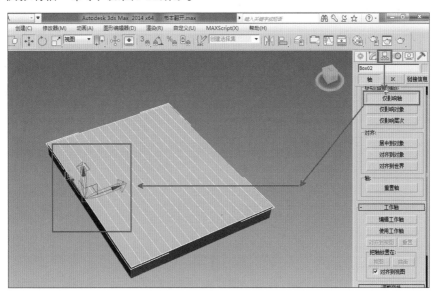

图1-38 移动轴心

进入修改命令面板为翻开的Box增加"弯曲"（Bend）命令，如图1-39所示。

单击"自动关键点"按钮，将时间滑块移动到第30帧，调整弯曲的角度和弯曲的轴向，同时沿Y轴旋转物体，完成翻开时书籍旋转的动画，如图1-40所示。

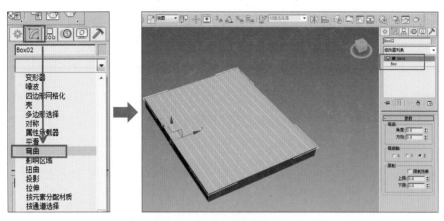

图1-39 添加"弯曲"修改器

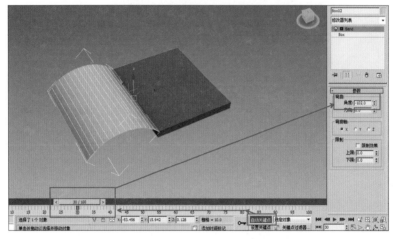

图1-40 选择弯曲动画制作

将时间滑块移动到第40帧，将弯曲的数值适当减少，完成书籍翻开后的一个缓冲。播放动画，书籍翻开的动画完成，如图1-41所示。

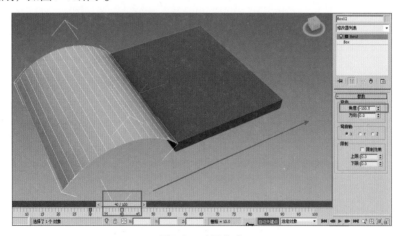

图1-41 动画完成

1.3.3 展开的卷轴画

卷轴画慢慢滚动展开在游戏片头和影视剧中经常出现，接下来看看卷轴画慢慢展开的动画是如何完成的。

首先在顶视图完成长方体，为其在卷轴打开的方向增加相应的段数，如图1-42所示。

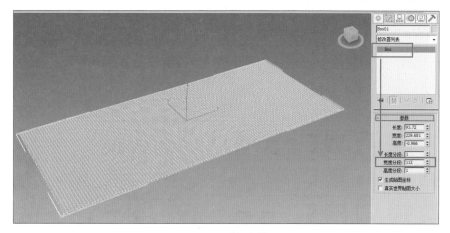

图1-42　增加段数

为其添加"Bend"（弯曲）修改器，给任意角度数值选择弯曲的轴向进行测试，如图1-43所示。

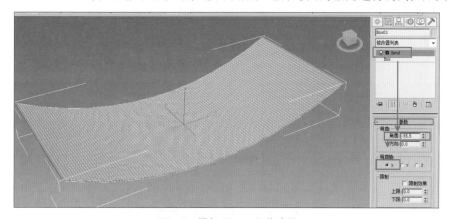

图1-43　添加"Bend"修改器

将"Bend"中的限制效果打开，将弯曲"上限"（Upper Limit）调整为一个大于卷轴画长度的数值，如图1-44所示。

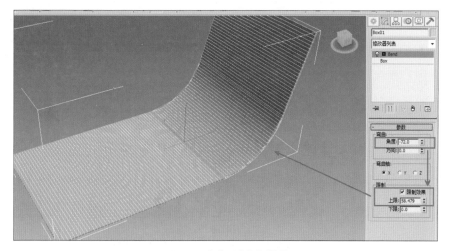

图1-44　弯曲"上限"设置

将弯曲的数值增大，画轴的效果出现，如图1-45所示。

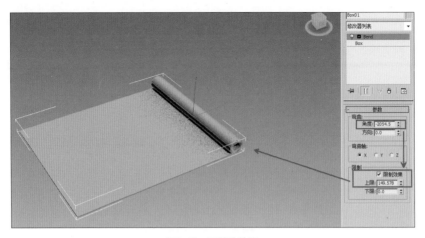

图1-45　画轴的效果

将修改器中"Bend"的子物体展开，选择"Gizmo"变形线框物体，沿Z轴向前移动，卷轴画完全卷起，如图1-46所示。

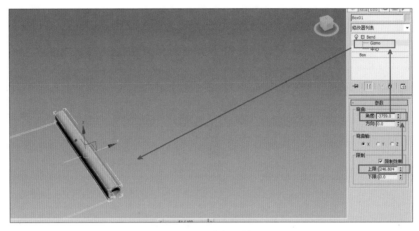

图1-46　卷起画轴

将"自动关键点"动画打开，时间移动到第60帧，将"Bend"的"Gizmo"沿"X"轴向前移动，直至卷轴画完全打开。关闭自动关键帧记录，播放动画，画轴渐渐展开，动画完成，如图1-47所示。

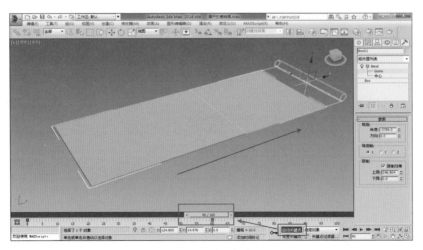

图1-47　动画完成

1.4 动画的输出

动画制作完成后，最终都需要渲染输出，再通过后期软件合成。动画输出的方式有两种：动画预演输出和动画正式输出。

1.4.1 动画预演输出

在动画制作完成后，为了能够快速看到动画的节奏与效果是否与动画脚本要求一致，并且节省正式渲染时间，在正式渲染前通常需要进行动画预演。

动画预演的工作流程如下。

首先完成场景动画。

单击"工具"菜单栏，选择"预览-抓取视口"中的"创建预览动画"命令，如图1-48所示。弹出创建预演面板，调节预演画面大小，单击"OK"按钮进行生成。

使用"预览动画另存为"命令对刚刚完成的预演进行保存。

"生成预览"对话框的主要参数介绍如下，如图1-49所示。

活动时间段：预览的时间范围。可以预览活动的时间段（Active Time Segment）或者是用户自定义时间范围，MAX中的时间都是以关键帧为单位，如果改为第0帧到第50帧，生成的预览时间长度就是50帧。

帧速率：每秒播放多少帧画面，一般调整为每秒25帧（PAL制）。

图像大小：预演图像大小。输出百分比为50，代表是正式输出大小的一半，正式输出的尺寸大小参考下一小节。

在预览中显示：勾选预演中需要显示的项目，通常保持默认值。

图1-48 动画预览工具

图1-49 "生成预览"对话框

1.4.2 动画正式输出

动画预演完成后，如果动画效果与预期效果相同，就可以对动画进行正式输出了。单击工具栏的"渲染"命令可以打开"渲染设置"面板，如图1-50所示。

正式渲染的主要参数设置如下。

时间输出：渲染动画通常要改为活动的时间段或范围。"单帧"指渲染1帧；"活动时间段"指渲染整个时间线长度；"范围"指渲染时间线某个范围，如50至100，就是从50帧到100帧；"帧"指选框中的某些帧；"每N帧"指渲染时每次间隔N帧进行。

输出大小：可以是默认尺寸大小，也可以自己定义为宽频画面，如宽度为640像素，高度为480像素；高清设置宽度为1280像素，高度为720像素，如图1-51所示。

渲染动画时还有一个重要的参数就是面板下方的"渲染输出"，动画渲染必须在渲染前指定保存的文件名称和类型，这一点是动画渲染和静帧渲染流程上的重要区别，如图1-52所示。

图1-50 "渲染设置"面板

图1-51 时间输出与渲染画面大小

单击"文件"按钮，出现很多可保存的文件类型，常用的两种类型的动画渲染文件如下。

① 动画视频格式文件：Avi、Mov格式文件，优点是能够用多种播放软件播放动画，缺点是不能保存图像的各种通道信息，不方便在后期软件中进一步进行艺术加工。

② 静态序列文件：通常有Tga、Rla、jpg序列文件。序列文件是指每帧渲染一张图片，它们按照次序排成序列。序列文件的优点是方便后期加工处理，缺点是只能用内存播放器或后期软件进行播放，如图1-53所示。

图1-52 渲染输出

图1-53 序列文件

序列文件的播放可以通过MAX自带的"比较RAM播放器中的媒体"工具来完成。Sequence是序列的意思，它们把所有连在一起的序列文件一次调入内存播放器中。单击"播放"动画按钮，就可以看到序列文件的动画效果了，如图1-54所示。

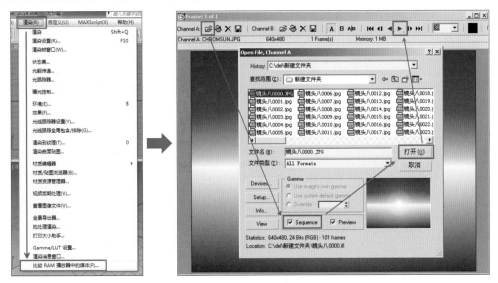

图1-54　内存播放器播放

1.4.3　动画预演输出与正式输出的异同

动画预演输出和动画正式输出都是动画制作过程中必不可少的组成部分，应该说每段动画正式输出前都会先进行一下动画预演。

动画预演输出和正式输出的优缺点如下。

① 动画预演输出计算速度较快，正式输出速度较慢。一段十几秒钟的动画进行动画预演可能只要几分钟，但是正式渲染要几个小时，通过预演动画发现动画中存在的缺陷可以节省制作时间。

② 动画预演完成后可以将获得的动画文件交给后期人员进行配音、剪辑等处理，使动画制作同步进行。

③ 动画预演没有材质灯光效果，正式渲染有很好的材质、灯光和大气特效等效果。

思考题

1．手动关键帧和自动关键帧是如何产生的？

2．如何产生关键帧的6种颜色，它们各代表什么动画信息？

3．简述显示、隐藏物体动画的制作流程。

4．Bend中的限制（Limits）有什么作用？

5．动画输出有哪些形式？各自有什么特点？

02
Chapter
曲线编辑器动画

本章重点

- 掌握曲线编辑器的进入方法。
- 掌握关键点工具和关键点切线工具的使用方法。
- 完成曲线编辑器动画实例。

学习目的

第1章介绍了关键帧动画的产生方法，能够让物体进行简单的运动，但是，物体运动的快慢节奏、加速减速等变幻过程，关键帧是无法体现的，对动画的精确控制需要使用曲线编辑器。本章主要讲述3ds MAX曲线编辑器精确控制动画的方法。

2.1　曲线编辑器的定义和进入方法

可以用功能曲线的形式来描述物体运动，而这些功能曲线被收集在一个编辑器中，它就是曲线编辑器。3ds MAX中发生的一切动画效果都会被记录在曲线编辑器中，而时间线上只能记录手动、自动关键帧和参数动画。

曲线编辑器的进入方法有如下3种。

① 单击工具栏上的"曲线编辑器"命令，如图2-1所示。

图2-1　"曲线编辑器"命令

② 使用迷你曲线编辑器。打开迷你曲线编辑器后可单击迷你曲线编辑器关闭按钮，如图2-2所示。

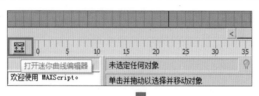

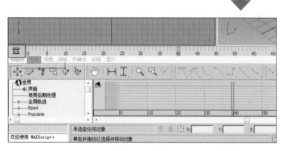

图2-2　迷你曲线编辑器

③ 选择物体后单击鼠标右键，再从快捷菜单中单击"曲线编辑器"选项，如图2-3所示。

图2-3　快捷菜单

2.2　曲线编辑器的布局和常用工具

2.2.1　曲线编辑器的布局

通常使用主工具栏的曲线编辑器工具打开"曲线编辑器"，打开后弹出浮动面板，主要由下面7个部分组成，如图2-4所示。

① 曲线编辑器菜单栏：包含常用的菜单命令。

② 工具栏：主要有关键点控制工具。

③ 控制器窗口：列出了制作动画的物体的各种项目，包括位置、旋转、缩放等。

④ 关键帧编辑窗口（曲线编辑窗口）：对动画进行精确控制。

⑤ 状态栏：辅助查找场景物体，选择物体，进行关键帧的位置和数值调节。

⑥ 视图控制区：对关键帧编辑窗口进行放大、缩小、平移等辅助操作。

⑦ 关键点切线工具：控制关键点运动曲线类型。

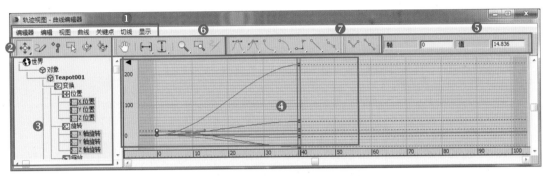

图2-4　"曲线编辑器"的布局

2.2.2　关键点工具和关键点切线工具

关键点也称关键帧。关键点工具主要对物体的动画关键帧进行移动、缩放、增加等操作。

如图2-5所示，关键点工具主要有如下几个。

① 移动关键帧：可以移动关键帧的位置和动画数值。

② 绘制关键帧：在物体动画曲线上画出关键帧，能绘制出很多关键帧，如图2-6所示。

③ 增加关键帧：在曲线上手工添加关键帧，是除手动关键帧动画、自动关键帧动画之外的另一种产生动画的方法。

④ 区域关键点工具：选择多个关键点，在一定区域内缩放多个关键帧的时间位置或数值，实现多个关键点统一调节的目的。

⑤ 重定时工具：通过在一个或多个帧范围内更改任意数量轨迹的动画速率来扭曲时间。

⑥ 对全部对象重定时工具：对多条曲线进行重定时操作，用来改变动画速率。

图2-5　关键点工具

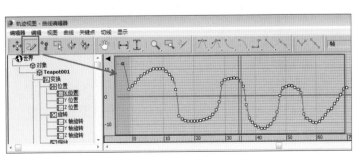

图2-6　绘制关键帧

关键点切线工具主要用来调整关键点前后物体的运动状态。如物体加速、减速、匀速、平滑或阶跃运动。通过对关键点切线的调节，能很好地控制物体运动的节奏，达到符合动画运动规律的效果。

如图2-7所示，关键点切线工具如下。

① 将关键点设置为自动Bezier类型：关键点两端出现两个手柄，移动手柄可以改变运动曲线形态，移动任何一侧手柄，另外一侧都会自动响应。

② 自定义Bezier类型：出现两个手柄，两个手柄可以分开调节。

③ 设置关键点为加速运动。

④ 设置关键点为减速运动。

⑤ 设置关键点为阶跃：前一个关键帧动画数值瞬间到达下一个关键帧动画数值，完成瞬间变化，如钟表的秒针每前进一秒的跳跃就属于阶跃。

⑥ 设置关键点为直线运动：匀速运动。

⑦ 自动平滑：设置关键帧为自动平滑状态，动画不会有较大转折。

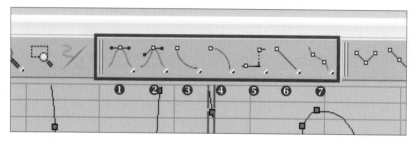

图2-7　关键点切线工具

另外，在编辑菜单中，控制器选项中有一个曲线范围类型工具，也称越界曲线编辑工具。主要控制关键点左右范围外的曲线形态，完成循环动画、往复动画或相对重复等动画曲线，如图2-8所示。

越界曲线就是曲线上最前和最后关键帧以外的曲线，即虚线形态的曲线。

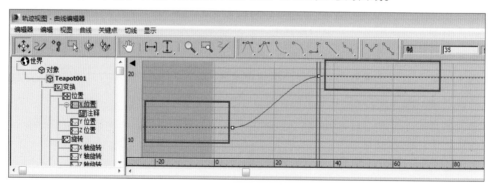

图2-8　越界曲线范围

越界曲线有6种曲线类型，可以单击曲线下方的箭头完成曲线前后越界曲线的控制。它们的功能如下。

① 恒定（Constant）：曲线外无任何变化，默认值为恒定的。

② 周期（Cycle）：完成重复动作。

③ 循环（Loop）：循环完成动作。

④ 往复（Ping Pong）：完成打乒乓球一样的往复动作。

⑤ 线性（Linear）：根据开始和结束关键帧的切线方向继续动画。

⑥ 相对重复（Relative Repeat）：在动画完成的基础上重复动画关键帧的动画。

如图2-9所示。

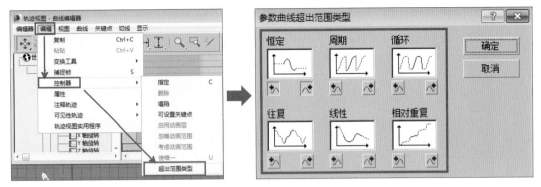

图2-9　越界曲线的6种曲线类型

"参数曲线超出范围类型"对话框中主要用来设置重复的动作，其中使用频率较高的有"循环"、"往复"和"相对重复"曲线类型。

2.3　曲线编辑器动画实例

2.3.1　使用曲线编辑器完成跳动小球的动画

下面使用曲线编辑器来完成跳动小球的动画。首先，创建小球物体，如图2-10所示。

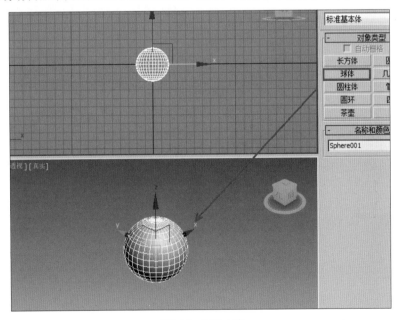

图2-10　创建小球

打开"曲线编辑器"，保持小球的选择，单击曲线编辑器中的"查找选择物体"按钮，如图2-11所示。

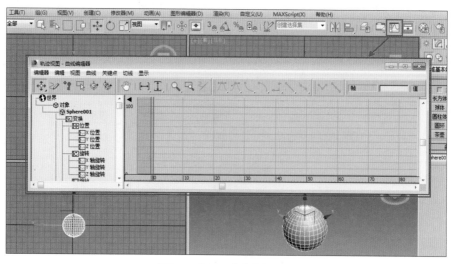

图2-11 打开"曲线编辑器"

球体在控制器窗口出现后，选择小球的"Z位置"曲线，使用增加关键帧命令在曲线上为其添加两个关键帧，如图2-12所示。这时物体已经有关键帧，但由于关键帧数值在一条水平直线上，说明现在球体还没有任何运动。

使用移动关键点工具，选择前段的关键点，移动或通过关键帧参数调整，改变第1帧的Z轴数值，这时小球由高空落下的关键帧就产生了，如图2-13所示。

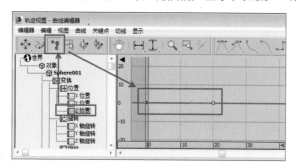

图2-12 添加关键帧

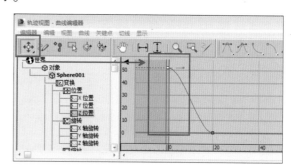

图2-13 改变Z轴数值

这时如果播放动画，可以看到小球从上向下移动的动画，但是没有弹起的过程。

再次选择"Z位置"曲线，进行越界曲线控制操作，将曲线类型改为"往复"类型，如图2-14所示。

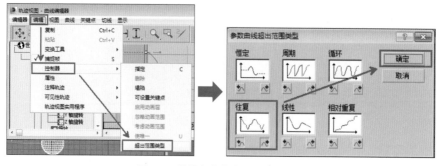

图2-14 编辑参数曲线超出范围类型

此时播放动画，发现球体的跳跃产生，但很不自然，这是因为默认的曲线关键点类型是自动Bezier

类型，小球向下没有加速的自由落体运动。

选择小球落地的关键点，将关键点的切线类型改为加速运动，这时小球加速落下后减速弹起，符合弹跳的自然规律，如图2-15所示。

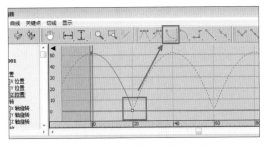

图2-15　将落点关键帧设置为加速

关闭曲线编辑器，激活透视图窗口，播放动画，小球弹跳动画设置完成。

2.3.2　翻跟头的管子

下面完成翻跟头的管子的动画，通过这个动画的学习，理解越界曲线编辑的工作原理和流程。

在场景中创建一个圆柱体，可以在修改面板将它的高度段数调高一些，目的是弯曲时能更加平滑，如图2-16所示。

为其添加一个"Bend"（弯曲）命令，将它弯曲-180度，如图2-17所示。

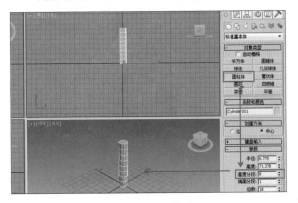
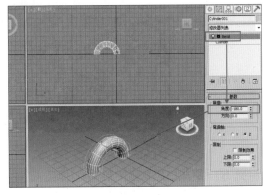

图2-16　创建圆柱体　　　　　　　　　　　　　图2-17　添加弯曲修改器

将自动关键帧动画打开，时间滑块移动到第20帧，将"Bend"（弯曲）的"角度"改为180度，一段柱子由-180度到180度的弯曲动画完成，如图2-18所示。

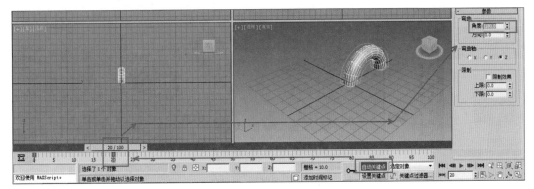

图2-18　设置弯曲动画

最终目的是要它能够继续向前翻滚下去，接下来完成下面两个动作。首先将柱子的后脚掌移动到前脚掌（位移动画），然后打开角度捕捉，将圆柱体原地水平旋转180度（旋转动画），如图2-19所示。

移动时尽量将后脚掌完全放在前脚掌的位置上，不要发生偏差。

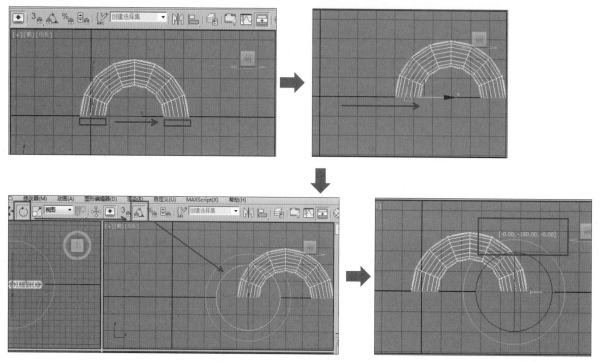

图2-19　设置移动与旋转动画

上面主要完成了如下3个动作。

① Bend由-180度到180度的弯曲动画。

② 位移动画：后脚掌位移到前脚掌（弯曲翻跟头方向的为前脚掌）。

③ 旋转动画：原地水平旋转180度。

看起来后两个动作和翻跟头的动画关系不大，物体好像也没有发生大的位置改变。其实后两个动作完成了物体轴心的改变，将轴心点由后脚掌移动到了前脚掌。

下面通过曲线编辑器来完成翻跟头的管子的动画。

选择圆柱体，进入曲线编辑器，找到位移动画有关键帧变化的轴，选择关键点，将关键点类型改为"阶跃"，如图2-20所示。

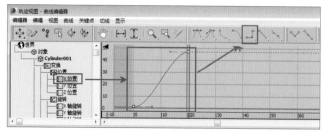

图2-20　修改移动关键点属性

关键点切线改为阶跃后，单击"编辑"→"控制器"→"超出范围类型"（越界曲线编辑）命令，将越界曲线类型改为"相对重复"，如图2-21所示。

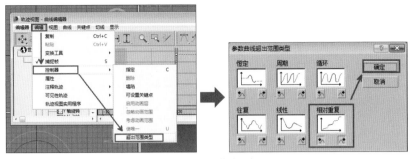

图2-21　越界曲线编辑

同样将圆柱体的旋转关键点切线类型改为"阶跃"，将越界曲线类型改为"相对重复"，如图2-22所示。

位移和旋转切线类型改变为"阶跃"的目的是让圆柱体瞬间改变轴心点，不在动画中出现轴心改变的过程。

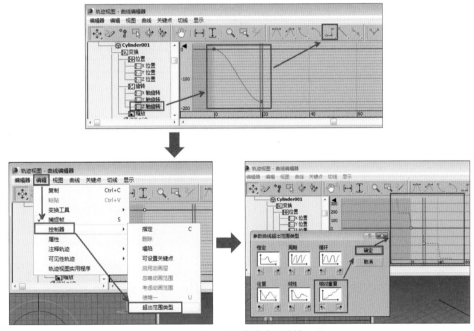

图2-22　设置旋转动画属性

在圆柱体位移旋转缩放动画的下方，找到物体修改器项目，再选择"Bend"（弯曲）修改器的"角度"动画曲线，如图2-23所示。

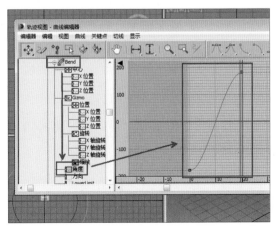

图2-23　选择"角度"动画曲线

不改变角度的切线类型，进行越界曲线编辑操作，将角度的越界曲线类型改为"往复"类型，如图2-24所示。

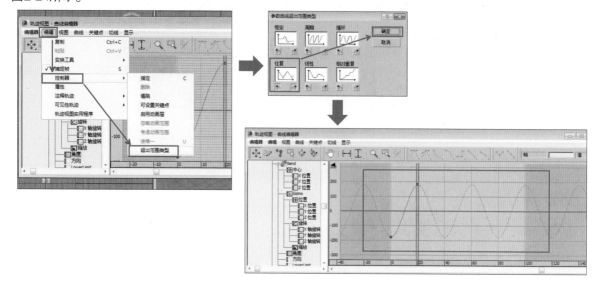

图2-24　越界曲线编辑

关闭曲线编辑器，激活透视图，播放动画，翻跟头的管子动画完成。

在这个实例中，物体的轴心修改，为了不在动画中看见改变轴心的过程，将切线类型改为阶跃；但是要看到物体弯曲的过程，弯曲的角度动画切线部分没有改变。切线类型和越界曲线的合理搭配往往能够实现一些意想不到的效果。在制作过程中如有技术问题可参见本书配套资源文件夹中本节的场景文件与视频教程。

2.3.3　为动画加入声音

3ds MAX可以为动画加入声音，加入声音一般有两个目的：一是为角色动画加入对白配音，对白配音可以辅助完成角色的脸部表情和口型动画；二是加入背景音乐，检测背景音乐与场景动画节奏是否协调。3ds MAX中的声音可以和动画一起输出为动画文件。

打开"曲线编辑器"，单击"编辑器"菜单按钮，选择"摄影表"，在控制器窗口选择"声音"项目，如图2-25所示。

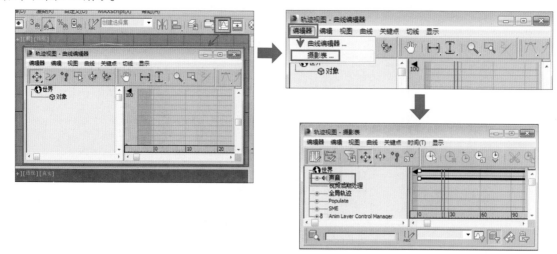

图2-25　选择"声音"项目

双击"声音"选项，弹出"专业声音"属性面板，如图2-26所示。

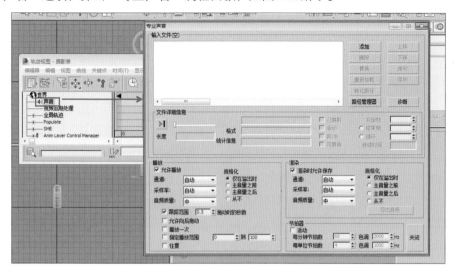

图2-26　打开"专业声音"属性面板

在弹出的属性面板上选择"添加"声音命令，找到需要加入场景的声音，一般为avi、wav文件类型，单击"打开"按钮，如图2-27所示。

这时曲线编辑窗口就会出现所选声音的音频线。单击"播放"动画按钮，完成声音加入，如图2-28所示。

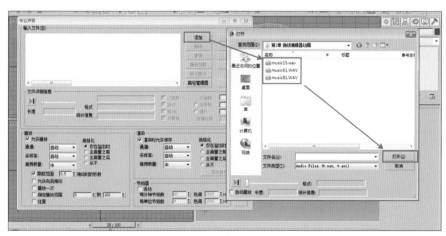

图2-27　载入声音文件

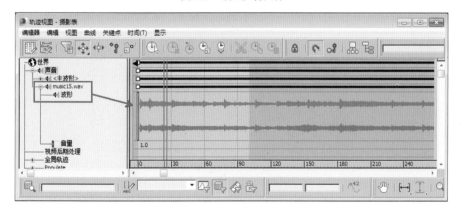

图2-28　查看声音文件

如果需要用声音来配合调整角色口型，则通常要在时间线下方显示声音轨迹。

右键单击时间线，在弹出的"配置"项目中选择"显示声音轨迹"选项，如图2-29所示。

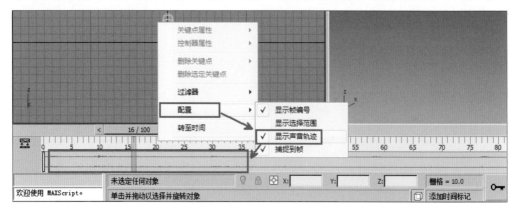

图2-29　选择"显示声音轨迹"选项

思考题

1．简述曲线编辑器的进入方法和主要功能布局。

2．什么是越界曲线？

3．关键帧切线有哪些类型，各自有什么动画特征？

4．简述翻跟头的管子的动画制作流程和思路。

5．模拟真实世界的挂钟，制作时间表盘秒针走动的动画。

03
Chapter
动画控制器

本章重点

- 动画控制器的定义和查看方法。
- 动画控制器的指定方法，列表控制器的使用思路。
- 曲线编辑器动画实例。

学习目的

　　3ds MAX制作动画有多种方法，动画控制器也是我们常用的方法之一。不同的动画控制器有着各自的长处，其他动画控制器不能将其完全取代。通过学习动画控制器，了解不同动画控制器的工作流程和特点，有助于在以后的工作中更加灵活合理地运用。

3.1 动画控制器的基础知识

动画控制器的基础知识包括以下两个方面内容。

① 动画控制器的概念。

② 动画控制器类型的查看方法与指定方法。

动画控制器是用来控制物体运动规律的功能模块，能够决定各项动画参数在动画各帧中的数值，以及在整个动画过程中这些参数的变化规律。

常用的动画控制器有：XYZ控制器、Noise控制器、音频控制器、列表控制器等。

可以通过运动面板来查看动画控制器的类型。在指定控制器的下方，可以看到位置、旋转、缩放默认控制器的类型，位置是"位置XYZ"控制，旋转是"Euler XYZ"控制，缩放是"Bezier缩放"控制，如图3-1所示。

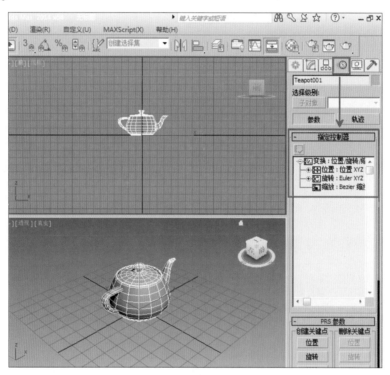

图3-1 动画控制器面板

常用的动画控制器指定方法有下面3种。

① 通过运动面板指定。

② 通过曲线编辑器指定。

③ 通过动画菜单指定。

下面，分别学习动画控制器指定方法的操作流程。首先看一下运动面板指定控制器的方法：选择物体，单击运动命令面板，选择需要更改或指定动画控制器的项目，单击问号按钮，在弹出的面板上选择需要指定的动画控制器，如图3-2所示。

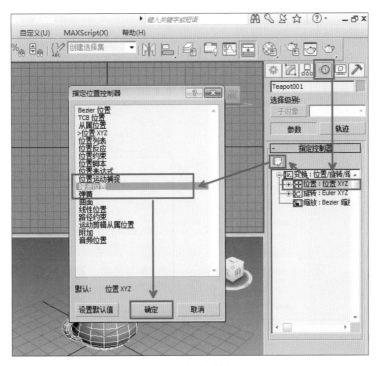

图3-2　指定动画控制器

注意，如果在改变控制器时，使用Make Default（保存为默认）命令，那么这个控制器将会默认永远取代原有控制器。例如：将位移控制器更改为噪波控制器，而且保存为默认值，那么以后再创建的物体将会全部用噪波控制器来控制，则不能通过X、Y、Z三个轴来完成对物体的操作，甚至在播放动画时，物体会产生随机位移动画。

第二种方法是选择物体后进入曲线编辑器，选择物体需要控制的曲线项目，单击右键，在弹出的快捷菜单中选择指定控制器。曲线编辑器指定方法比在运动面板中指定的项目更多一些，有些动画项目控制器指定只能在曲线编辑器中完成，如图3-3所示。

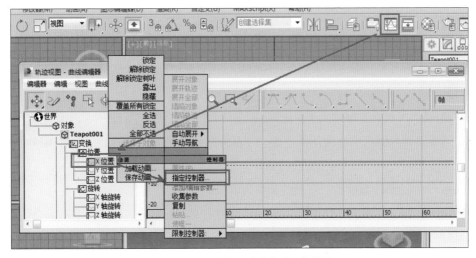

图3-3　在曲线编辑器中指定动画控制器

第三种方法是通过菜单指定，在"动画"菜单下有"变换控制器"、"位置控制器"、"旋转控制器"、"缩放控制器"项目。这里需要了解的是，通过菜单指定的控制器不会取代以前的控制器，它们会形成列表控制器，同时对物体进行控制，如图3-4所示。

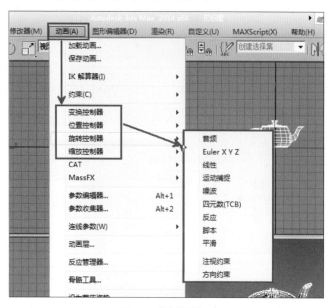

图3-4　控制器项目

　　使用菜单改变控制器时，会形成列表控制器，这时将会有两个控制器同时对物体进行控制，如图3-5所示。"位置XYZ"和"噪波位置"控制器同时对物体位置进行控制。

　　对于三种控制器指定方法而言，它们有着各自的特点，工作中可以有所选择的使用。运动面板指定比较方便，能够取代原有的动画控制器；曲线编辑器中可以指定更多的动画控制器项目，比其他两种方法更全面；菜单指定能够简单形成列表控制器，达到多个控制器共同控制物体的目的。

图3-5　菜单指定动画控制器

3.2　常用的动画控制器

　　3ds MAX常用的动画控制器有下列几种。

　　① 位置XYZ控制器：通过XYZ三个轴向来控制物体，是3ds MAX位移旋转的默认控制器，如图3-6所示。

　　② 噪波控制器：随机变换物体大小、位置、旋转、缩放、材质等项目。例如：可以使用噪波控制器来控制物体的位置。下面介绍一下噪波控制器的主要参数。

图3-6　位置XYZ控制器

　　种子（Seed）：是种子随机数，噪波的随机因素。

　　频率（Frequency）：噪波浮动的快慢节奏。

　　X/Y/Z向强度：X/Y/Z轴向噪波浮动的大小。

　　分形噪波（Fracral Noise）：噪波分形开关，分形后噪波更加粗糙。

　　粗糙度（Roughness）：噪波的粗糙度。

　　渐入/渐出（Ramp In or Out）：渐变进入或渐变退出的时间帧数，如图3-7所示。

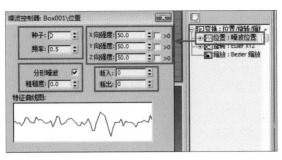

图3-7　噪波控制器

③ 音频控制器：通过声音控制物体的动画项目。

下面完成一个用声音控制圆球物体半径的控制器动画。创建圆球物体，进入曲线编辑器，找到物体的半径参数，单击右键选择指定控制器，在弹出的控制器列表中选择"音频浮点"声音控制器。确定后出现声音选择和控制强度菜单，挑选一段控制圆球半径的声音，最小值和最大值代表声音最小值时和声音最大值时球体半径的大小。将最小值和最大值调整为适当的数值，播放动画，球体的半径就会与播放的声音同步了，如图3-8所示。

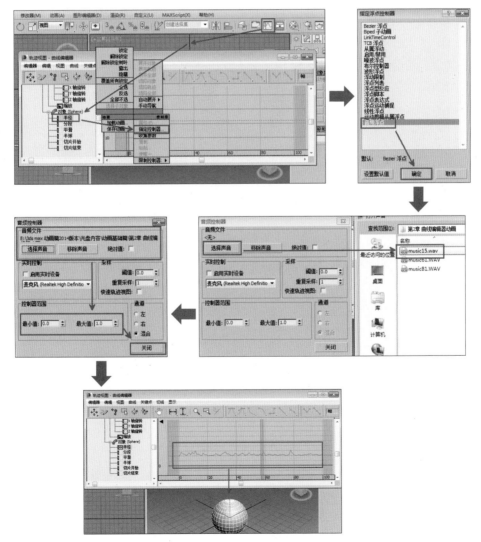

图3-8　添加声音控制球体半径

④ 运动捕捉控制器：运动捕捉控制器，通过外接运动捕捉设备，控制物体位置变化。

⑤ 列表控制器：多个控制器联合使用，如"位置XYZ"和"噪波位置"两个控制器一起控制物体的位置。

⑥ 脚本表达式控制器：可以编写简短的程序控制物体运动。

3.3 动画控制器实例

3.3.1 随机转动的色环

随机转动的色环，既然是随机转动，我们就会使用到噪波控制器（Noise）。

首先完成转环场景，中心的绿色圆环沿X、Y、Z三个轴向随机转动，外面的黄色和紫色圆环只是沿着Y轴随机旋转，如图3-9所示。

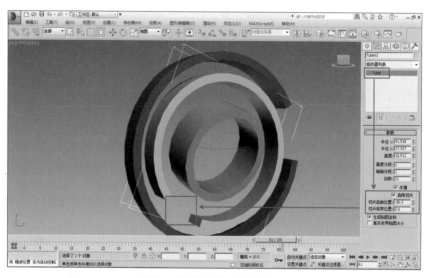

图3-9 管状体切片后完成的色环

选择绿色圆环，进入曲线编辑器，在它的"旋转"（Rotation）轨迹上单击右键，从弹出的快捷菜单中选择"指定控制器"（Assign Controller）命令，在弹出的控制器列表中选择"噪波旋转"（Noise Rotation）控制器，如图3-10所示。

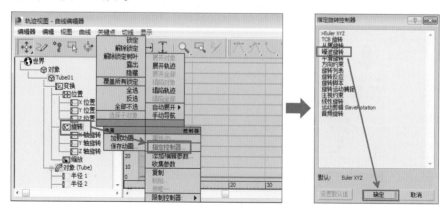

图3-10 在"旋转"项目中指定噪波旋转控制器

在噪波控制器参数面板上对相应的参数进行调整，这里注意频率不要过高，如图3-11所示。

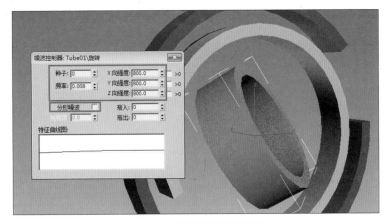

图3-11　调整噪波控制器参数

调整参数时可以播放，观察动画的修改效果。

绿色圆环噪波动画完成后，选择黄色圆环物体，进入曲线编辑器，选择旋转的Y轴旋转曲线，为其添加噪波控制器，如图3-12所示。

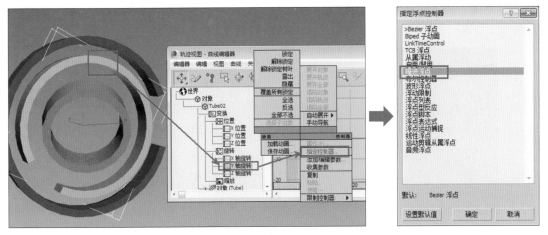

图3-12　设置黄色圆环

同样调整噪波的频率、强度参数，配合播放动画，得到满意的效果，如图3-13所示。

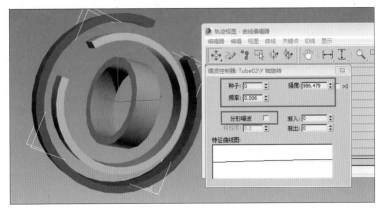

图3-13　调节噪波参数

用同样的方法完成紫色圆环Y轴的噪波控制，调整到合适的参数，转环动画完成。

3.3.2　冲浪的小球

本节主要学习运动捕捉控制器的使用方法。

在顶（Top）视图创建平面物体，进入修改面板将其段数调高，目的是能够产生有曲面的水纹，如图3-14所示。

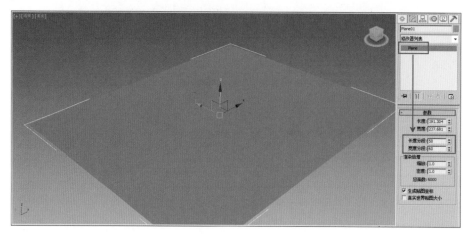

图3-14　创建平面

在平面上创建一个球体，用来带动水波纹，如图3-15所示。

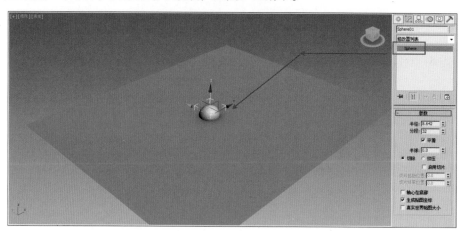

图3-15　创建球体

选择平面物体，添加"体积选择"（Vol Select）修改器，勾选体积选择的级别为"顶点"，如图3-16所示。

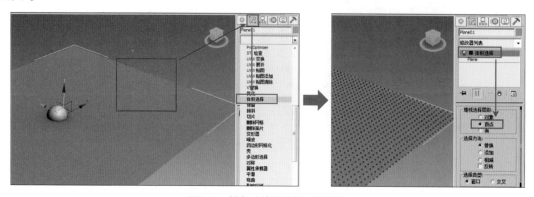

图3-16　添加"体积选择"修改器

在面板下方将选择方式调整为"网格对象"后单击球体，这样就能用球体选择平面的顶点了，如图3-17所示。

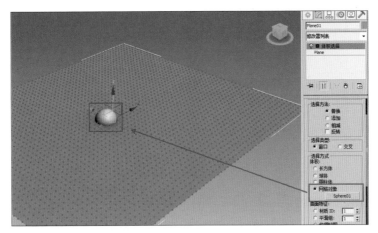

图3-17　使用球体选择平面的顶点

在"体积选择"（Vol Select）面板上找到"软选择"（Soft Selection），选中"使用软选择"（Use Soft Selection）复选框，调整"衰减"（Falloff）软选择的范围，如图3-18所示。

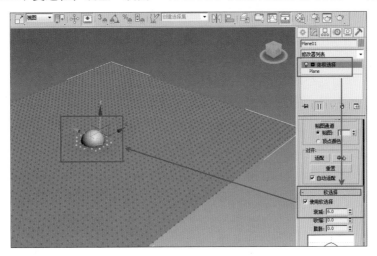

图3-18　调整"软选择"参数

在修改器中添加"X变换"修改器，如图3-19所示。

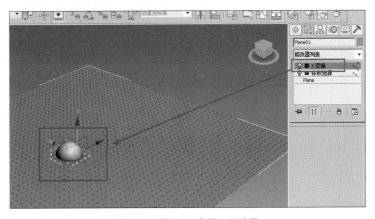

图3-19　添加"X变换"修改器

单击"X变换"的子物体"Gizmo"，在前视图上向下移动"Gizmo"，使其产生向下的凹槽，如图3-20所示。

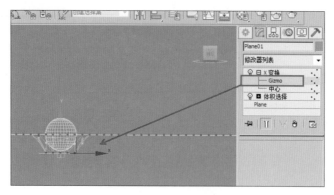

图3-20　移动"Gizmo"

下面完成球体运动捕捉的动画。选择球体，进入运动命令面板，选择球体的"位置"（Position）控制器，将其修改为"位置运动捕捉"（Position Motion Capture）控制器，如图3-21所示。

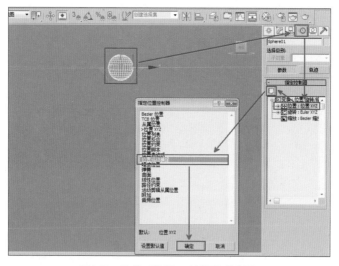

图3-21　选择"位置运动捕捉"控制器

在弹出的"位置运动捕捉"设置面板中，将"X位置"指定给"鼠标输入设备"，如图3-22所示。

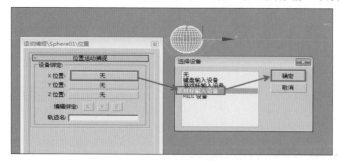

图3-22　设置X位置捕捉

将Y位置用同样的方法指定给鼠标输入设备，并将鼠标的输入轴向改为"垂直鼠标"方向，如图3-23所示。

进入工具命令面板，选择"运动捕捉"（Motion Capture）命令，如图3-24所示。

图3-23　设置Y位置捕捉

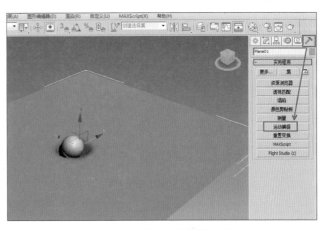

图3-24　使用"运动捕捉"工具

单击"运动捕捉"（Motion Capture）列表中球体前端的方框，使其变为红色小点，红色代表运动捕捉激活的物体。然后单击"开始"（Start）按钮，运动捕捉开始，这时缓慢移动鼠标，圆球物体也会以同样的方向和速度移动，同时球体移动的动画会自动记录下来。录制完成后可以播放动画查看效果。若不满意可以再次单击"开始"按钮，重新开始录制，如图3-25所示。

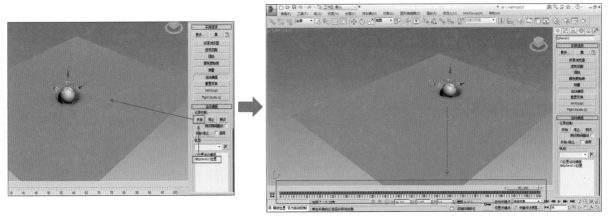

图3-25　录制运动捕捉

动画完成后，为平面物体再添加一个"体积选择"（Vol Select）修改器，这个修改器的添加是为了取消以前的水面顶点的选择，如图3-26所示。

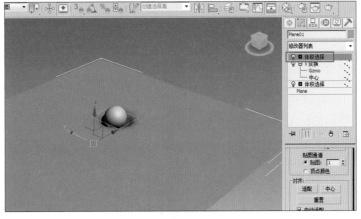

图3-26　添加"体积选择"修改器

在"体积选择"（Vol Select）修改器上方添加"柔体"（Flex）修改器，调节柔软度参数，播放动画，圆球移动带动水波的动画完成，如图3-27所示。

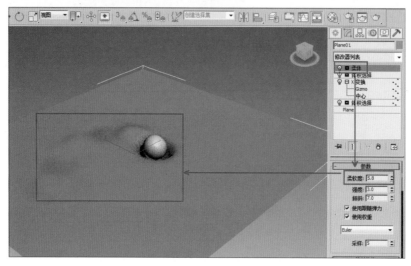

图3-27　添加"柔体"修改器

冲浪小球动画中，几乎所有的修改器都是加在了平面物体上，而球体的移动使用的是"运动捕捉"控制器，如图3-28所示。

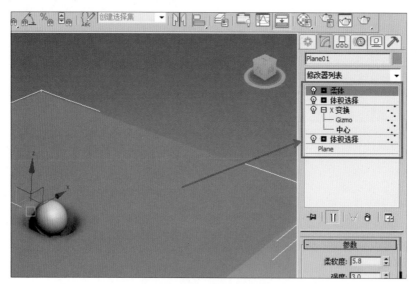

图3-28　动画完成

3.3.3　使用列表控制器完成"动感地带"片头

"动感地带"的片头脚本是这样要求的："动感地带"4个立体字飞入画面，在画面中间停留并左右随机运动。飞入画面应该使用"位置XYZ"控制器来控制，而后面在画面中间的水平随机运动应该使用"噪波"控制器来控制物体。本实例中将介绍如何同时使用多个控制器来控制同一物体。

创建"动感地带"文本，如图3-29所示。

对文字添加"倒角"（Bevel）修改器，完成双面倒角，如图3-30所示。

在制作动画以前，将动画时间配置改为"PAL"制，长度为100帧，如图3-31所示。

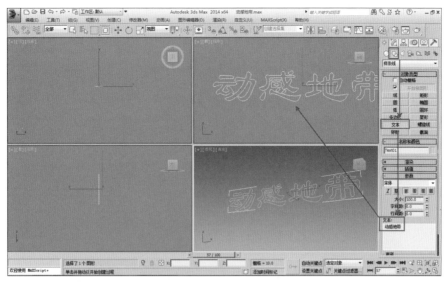

图3-29　创建文本物体

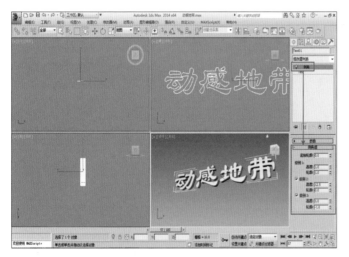

图3-30　添加倒角修改器

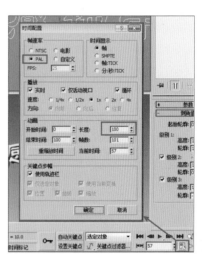

图3-31　设置动画帧速率

打开"手动关键帧记录"钥匙按钮，将时间滑块移动到第40帧，选择文字物体，单击"手动关键帧记录"钥匙按钮。这样，不管文字其他时间帧在什么位置，第40帧时，它一定会到现在的画面位置，如图3-32所示。

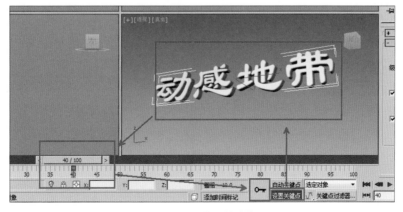

图3-32　设置第40帧的位置

移动时间滑块到第0帧，选择文字物体，在顶视图将它向前移动出画面，并旋转，旋转的目的是想让文字翻滚进入画面，完成后单击记录关键帧按钮（钥匙图标，快捷键是K键），如图3-33所示。

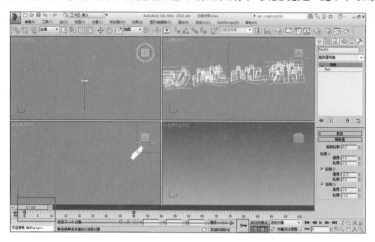

图3-33　设置第0帧的位置

这时激活透视图播放动画，文字翻滚飞入动画完成，如图3-34所示。

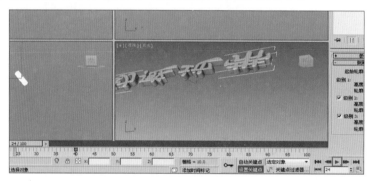

图3-34　测试动画效果

下面需要实现物体翻滚飞入动画完成后，在原地随机移动的动画效果。

选择"动感地带"文字物体，进入运动命令面板，单击位移控制器，为其添加"位置列表"（Position List）控制器，如图3-35所示。

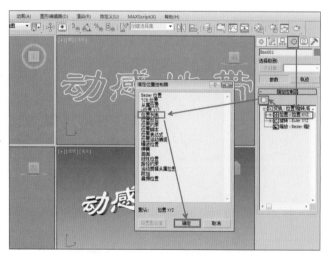

图3-35　添加"位置列表"控制器

将"位置列表"控制器加号展开，选择"可用"（Available）选项，再选择添加控制器的"？"按钮，为其添加一个"噪波位置"（Noise Position）控制器。这样"位置XYZ"和"噪波位置"两个控制器就同时对文字产生作用，如图3-36所示。

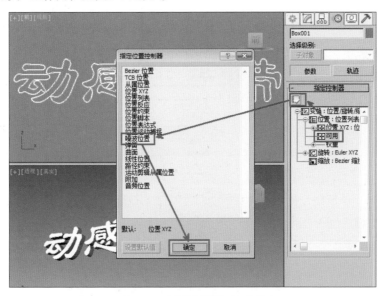

图3-36　两个控制器同时起作用

这时播放动画，发现文字是抖动着飞入画面，如图3-37所示。

图3-37　抖动着飞入画面

通过对动画播放进行分析，"噪波位置"控制器应该在文字飞入画面并停止后起效，也就是第40帧以后有效，不同控制器的有效时间成为控制动画的关键。

选择"动感地带"文字，在运动面板找到"位置列表"（Position List）参数，发现两个控制器"权重"（Weight）参数都是100，它代表着两个控制器都在百分之百地对物体产生作用。如果噪波位置控制器从第0帧到第40帧的权重值都是0，第40帧以后由0变为100，则"噪波位置"控制器在第0帧到第40帧没有控制物体，第40帧以后对物体产生百分之百的控制。这样就能实现预期的动画效果，如图3-38所示。

有了上面的思路，现将噪波位置控制器的"权重"改为0，如图3-39所示。

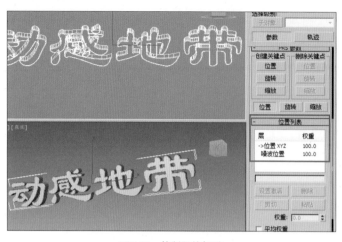

图3-38　控制器的权重　　　　　　　　　　　　　　　图3-39　更改"权重"

单击自动关键帧记录按钮,将时间滑块移动到第41帧,按住Shift键后右键单击权重值旁的微调按钮,这样能够在第41帧产生一个静止的关键帧,如图3-40所示。

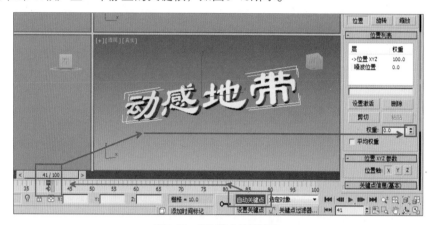

图3-40　产生静止的关键帧

在第45帧,将"权重"改为100,这样就完成了噪波位置控制器的权重动态控制,如图3-41所示。

图3-41　设置权重动画

播放动画,"动感地带"文字飞入后,原地随机运动的动画完成。

如果"动感地带"文字只需沿着X轴运动,则可以选择"噪波位置"控制器。单击右键选择"属性",在弹出的噪波控制器属性面板上对它的参数进行调节,如图3-42所示。

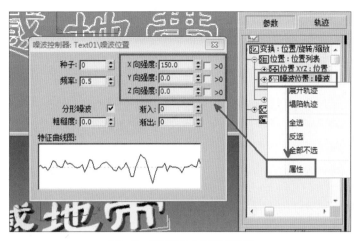

图3-42 设置噪波位置影响强度

至此，"位置XYZ"和"噪波位置"动画控制器联合控制物体动画完成。

3.3.4 用表达式控制车轮旋转与车身移动同步

在实际工作中，车身移动时，需要车轮能够同步转动，而且能够根据移动速度的快慢自动改变旋转速度的快慢。解决这一问题的最好方法就是：建立车轮旋转与车身位移的控制关系。表达式控制器能够通过表达式的编写来控制物体间的动画关系。

首先创建简易的车身和车轮模型。在顶视图创建一个长方体作为车身，在前视图创建一个圆柱体作为车轮。为了以后的操作能够看见车轮旋转，将圆柱体的切片打开，调整切割数值。适当地将圆柱体切掉一部分，这一操作是为了能够看到它的旋转，如图3-43所示。

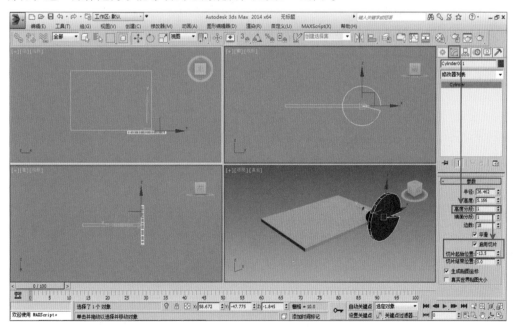

图3-43 创建简易车身和车轮

在主工具栏选择链接工具，单击车轮并拖出一条虚线。移动虚线到车身物体上松手，车身边界盒闪烁一下，车身与车轮的链接关系完成，车轮成为车身的子物体。当车身前后移动时，车轮会跟随前后移动，如图3-44所示。

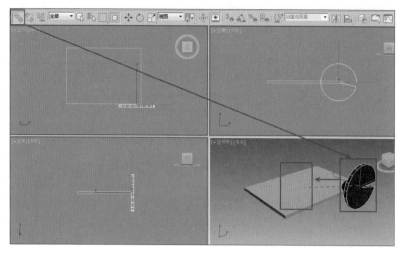

图3-44　将车轮链接在车身上

分析一下当前场景，应该是圆柱体的Y轴旋转和车身物体的X轴位移建立脚本控制关系，如图3-45所示。

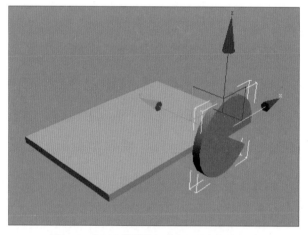

图3-45　分析车轮旋转与车身运动方向的关系

选择车轮物体，进入曲线编辑器，选择"Y轴旋转"曲线项目，单击右键对它指定"浮点表达式"（Float Expression）控制器，如图3-46所示。

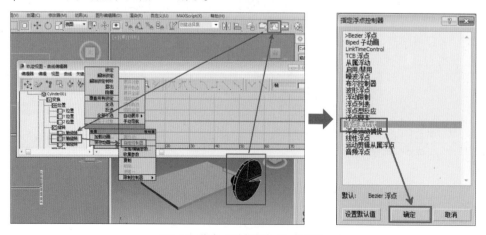

图3-46　指定"浮点表达式"控制器

在弹出的"表达式控制器"中主要有以下几个参数，如图3-47所示。

① 名称（Name）：参数名称。

② 标量（Scalars）：常量，不变化的。如车轮半径是不变化的常量。

③ 向量（Vectors）：变量。如车身的X轴位置是会改变的。

④ 创建（Create）：产生标量或向量。

⑤ 指定到控制器（Assign to Controller）：指定标量或向量到对象的某个参数。

⑥ 表达式（Expression）：表达式编写窗口。

⑦ 计算（Evaluate）：计算表达式，相当于确定。

创建一个r标量和一个p向量，如图3-48所示。

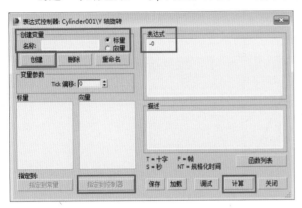

图3-47　表达式控制器参数介绍

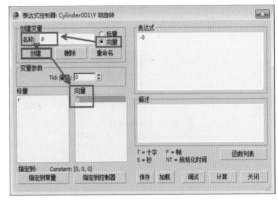

图3-48　创建标量和向量

选择r标量物体，单击"指定到控制器"按钮，将其指定给圆柱体的"半径"，如图3-49所示。

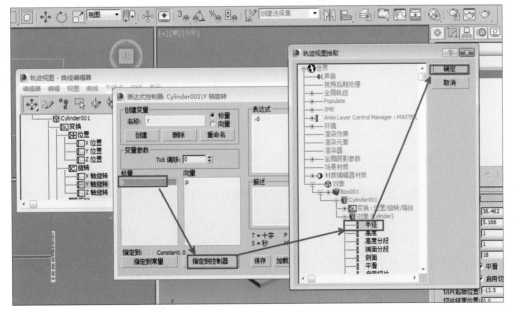

图3-49　指定r标量物体

选择向量p，将其指定给车身Box物体的"位置XYZ"项目，如图3-50所示。

在表达式窗口编写表达式：p.x/r。单击"计算"按钮，计算表达式，如图3-51所示。

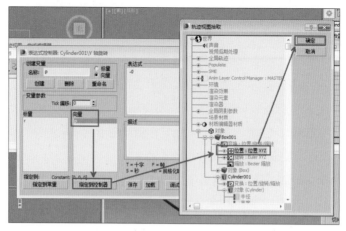

图3-50　指定向量物体

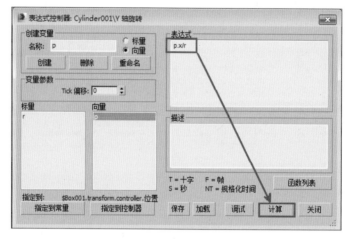

图3-51　计算表达式

单击"关闭"按钮，关闭表达式窗口。激活透视图，沿X轴移动车身物体，发现车轮物体已经能够根据车身移动速度的快慢来改变旋转速度了。

下面可以创建一个车轮物体，使用链接工具绑定到刚刚编写过表达式控制器的简易车轮物体上。再将后排车轮整体向前排复制，如图3-52所示。

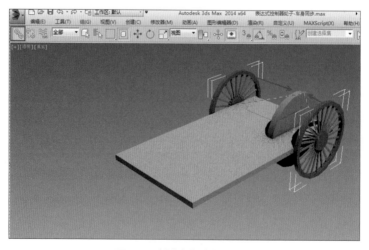

图3-52　创建车轮并建立链接

选择中间的两个简易车轮，单击右键将其隐藏。表达式控制车轮与车身同步动画完成，如图3-53所示。

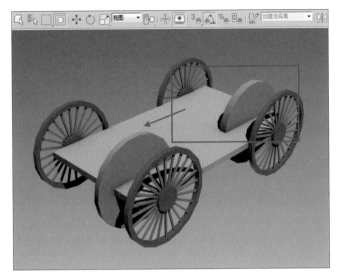

图3-53　向前复制完成

思考题

1．修改控制器类型的主要方法有哪些?

2．不同的动画控制器的特点是什么?

3．什么是动画控制器?

4．列表控制器的工作原理是什么?

5．简述运动捕捉控制器的工作流程。

Chapter 04

约束动画

本章重点

- 了解约束的概念和使用方法。
- 掌握约束的分类和重点参数功能。
- 完成多种动画约束综合运用实例。

学习目的

  约束也是一种动画控制器，它所控制的是物体和物体之间的动画关系。第3章节介绍了动画控制器，主要研究物体与函数程序之间的动画关系，本章主要讲述约束动画的知识。在日常生活中，约束动画是普遍存在的，例如，用眼睛注视物体就是典型的注视约束，用手去移动物体就是链接约束等，约束知识的全面掌握，是更快、更好制作动画的基础。

4.1 约束的概念和进入方法

第3章介绍了动画控制器，它是用来控制物体运动规律的功能模块。约束也是一种动画控制器，它所控制的对象是物体和物体的动画关系。

动画约束是实现自动化动画过程的控制器的特殊类型。通过与另一个对象的绑定关系，约束可控制对象的位置、旋转或缩放。

约束需要一个设置动画的对象及至少一个目标对象。也就是要有两个或两个以上的物体，目标对受约束的对象施加了特定的动画限制。例如，如果要迅速设置飞机沿着预定跑道起飞的动画，应该有飞机物体和飞行路径的样条线物体，然后使用路径约束来限制飞机沿着样条线路径飞行的动画。

约束的常见用法如下。

① 在一段时间内将一个对象链接到另一个对象，如角色的手拾取一个棒球拍。

② 将对象的位置或旋转链接到一个或多个对象。

③ 在两个或多个对象之间保持对象的位置。

④ 沿着一个路径或在多条路径之间约束对象。

⑤ 将对象约束到曲面。

⑥ 使对象指向另一个对象。

⑦ 保持对象与另一个对象的相对方向。

常用的约束进入方法：单击"动画"菜单，选择"约束"命令，再选择需要使用的约束种类，如图4-1所示。

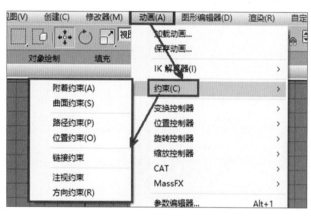

图4-1　"约束"命令子菜单

4.2 约束的分类和重点参数

3ds MAX中的约束可以分为以下7种：附着约束（Attachment Constraint）、曲面约束（Surface Constraint）、路径约束（Path Constraint）、位置约束（Position Constraint）、链接约束（Link Constraint）、注视约束（LookAt Constraint）、方向约束（Orientation Constraint）。

4.2.1　附着约束

附着约束是一种位置约束，将一个对象的位置附着到另一个对象的面上。例如，随着水面漂浮的树叶、随着衣服摆动的扣子、卡通角色的眉毛等。它们都属于一个物体附着约束在另一个变形物体的表面，如图4-2所示。

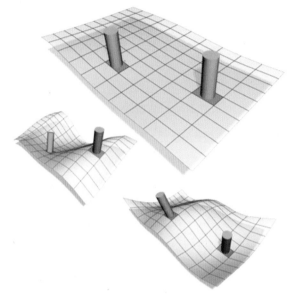

图4-2　附着约束

下面完成一个简单的附着约束的实例，以便了解它的工作流程。

创建圆柱体，对其添加"Bend"修改器，打开自动关键帧记录开关，移动时间滑块到不同的时间（分别移动到第20帧、第60帧、第80帧、第100帧），每次改变时间后，修改弯曲的"角度"和"方向"数值，使圆柱体产生随机扭动弯曲的动画效果，如图4-3所示。

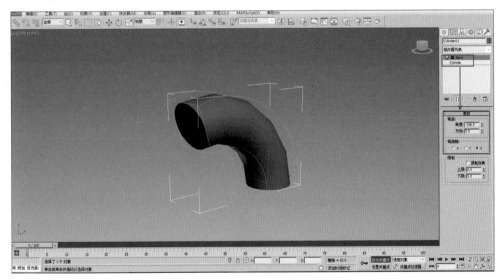

图4-3　创建圆柱体

创建一个圆锥体，下面的工作是要让圆锥体附着在圆柱体的顶部，使其跟随圆柱体一起随机扭动，如图4-4所示。

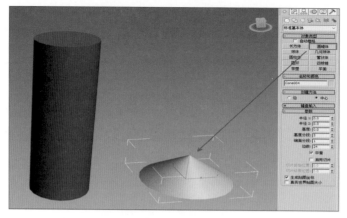

图4-4　创建圆锥体

圆锥体要求跟随圆柱体一起扭动，这时大家可能会想起使用链接工具，让圆锥体链接在圆柱体上，如图4-5所示，但是这样操作后发现，圆锥体根本不能跟随圆柱体运动，原因是圆柱体是在发生变形运动，它的位置信息根本没有发生改变，链接功能也就不能体现出来了，这也是链接与附着约束的本质区别。

图4-5　链接

下面使用附着约束。选择圆锥体，在"动画"菜单下的"约束"中选择"附着约束"命令。出现一根虚线后单击圆柱体，这时圆锥体被强行约束到了圆柱体的第一个面上，如图4-6所示。

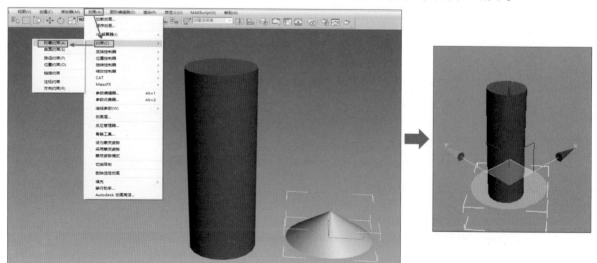

图4-6　约束两个物体

进入运动面板，使用"设置位置"，在圆柱体的顶部单击并拖动，位置确定后松开鼠标，这时播放动画，圆锥体就会从下方飞至顶端，如图4-7所示。

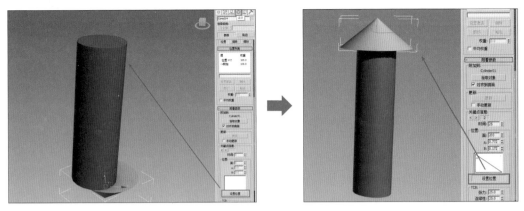

图4-7 用"设置位置"调节位置

要删除圆锥体由底部飞向顶部的动画，只需激活时间线，选择起始关键帧，将其删除就可以了，如图4-8所示。

播放动画，圆锥体附着圆柱体随机变形的动画完成。

可以使用同样的方法将其他物体复合在同一物体表面，让它跟随变形，如图4-9所示，将另外两个圆锥体附着到圆柱体表面，形成一个卡通角色造型变形的效果。

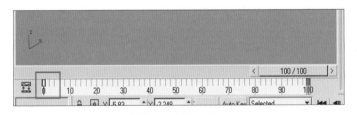

图4-8 删除起始关键帧

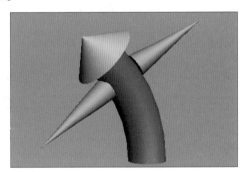

图4-9 多物体约束

通过以上实例比较一下附着约束与链接的功能特点。

链接：主要针对不产生形变的物体，建立父子物体关系，子物体跟随父物体移动、旋转、缩放而发生改变。

附着约束：针对自身产生形变的物体，如水波纹、角色面部表情等。

使用附着约束可以将一个卡通角色的眉毛附着到表情丰富（变形）的脸上，如图4-10所示。原始文件参考本书配套资源文件夹中内容。

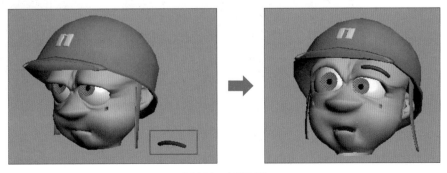

图4-10 表情示例

4.2.2 曲面约束

曲面约束能在对象的表面上定位另一对象。换句话说，就是一个物体能够在另一个物体的表面滑行，如图4-11所示。

可以作为曲面对象的对象类型是有限制的，要求它们的表面必须能用参数表示。下列类型的对象能使用曲面约束：球体、圆锥体、圆柱体、圆环、四边形面片（单个四边形面片）、放样对象和NURBS对象。

下面完成一个茶壶在一个球体表面滑行的动画，看看曲面约束的工作流程。

首先创建球体和茶壶物体，如图4-12所示。

图4-11 曲面约束示例

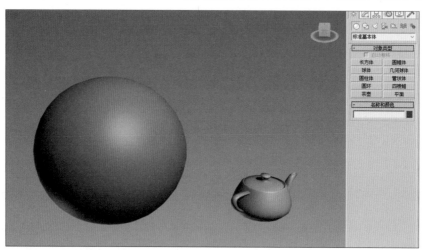

图4-12 创建物体

选择茶壶，选择"动画"菜单下的"曲面约束"命令，拖出虚线后选择球体，曲面约束完成。这时茶壶被约束在球体的第一个面上，如图4-13所示。

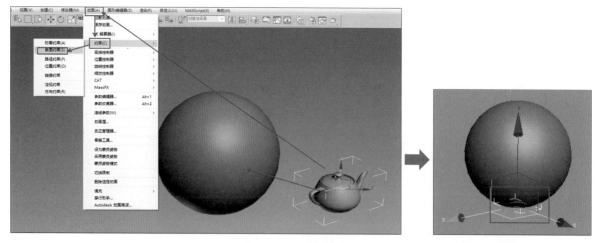

图4-13 曲面约束完成

进入运动面板，选择"对齐到U"单选按钮，设置"V向位置"数值，现在茶壶位置变换到了球体表面，如图4-14所示。

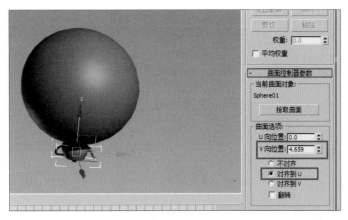

图4-14　茶壶位置改变

将动画按钮打开，时间滑块移动到第100帧，改变"U/V向位置"数值，如图4-15所示。关闭动画记录按钮，播放动画，茶壶沿着球体曲面滑行的动画完成。

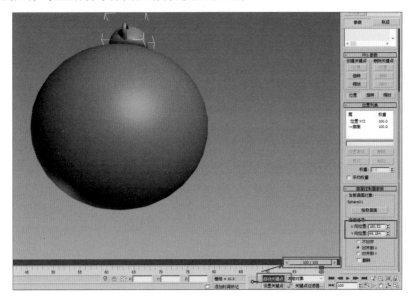

图4-15　动画完成

曲面约束主要参数如下。

① U 向位置：调整控制对象在曲面对象 U 坐标轴上的位置。

② V 向位置：调整控制对象在曲面对象 V 坐标轴上的位置。

③ 不对齐：启用此选项后，不管控制对象在曲面对象上的什么位置，它都不会重定向。

④ 对齐到 U：将控制对象的局部 Z 轴对齐到曲面对象的曲面法线，将 X 轴对齐到曲面对象的 U 轴。

⑤ 对齐到 V：将控制对象的局部 Z 轴对齐到曲面对象的曲面法线，将 X 轴对齐到曲面对象的 V 轴。

⑥ 翻转：翻转控制对象局部 Z 轴的对齐方式。如果"不对齐"处于启用状态，那么这个复选框不可用。

4.2.3　路径约束

路径约束会对一个对象沿着样条线或在多个样条线间的平均距离间的移动进行限制。路径二维物体可以是任意类型的样条线，如图4-16所示。

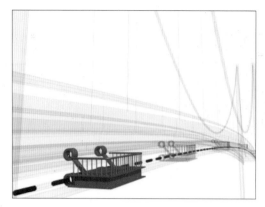

图4-16　路径示例

下面通过制作在路径上运动的汽车来学习路径约束的工作流程。

打开本书配套资源文件夹中本节的配套文件，是一辆汽车模型，汽车有很多的零部件，这些零部件都链接到了车身底部的Dummy虚拟体上，虚拟体成为整个汽车的父物体，它的移动、旋转、缩放会带动整个车辆运动，如图4-17所示。

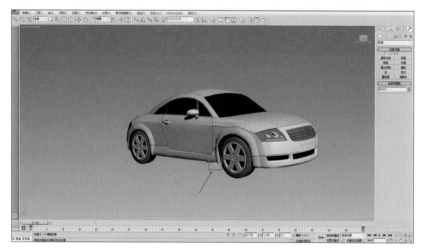

图4-17　汽车模型

在顶视图根据汽车比例大小画出一条汽车需要运动的路径曲线，如图4-18所示。

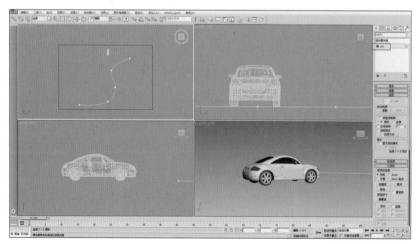

图4-18　画出路径

选择虚拟体，选择"动画"→"约束"→"路径约束"命令，在拖出虚线后单击路径，单击完成后发现汽车已经移动到路径上，播放动画，汽车能够沿着路径匀速运动，只是不能根据曲线的运动方向而自动改变汽车运动方向，如图4-19所示。

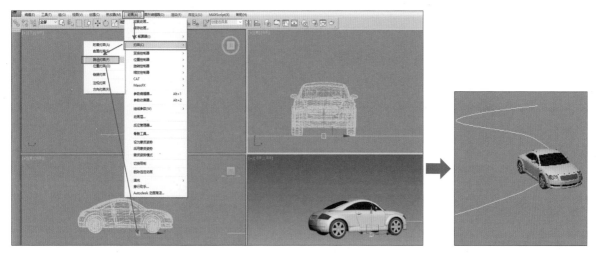

图4-19　路径约束

选择虚拟体，进入运动命令，选中路径约束参数中的"跟随"复选框，这时播放动画，发现汽车能够根据曲线运动方向发生旋转，只是汽车是侧面跟随，如图4-20所示。

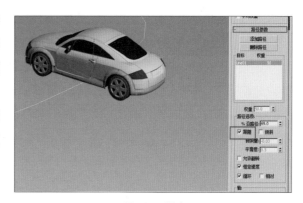

将路径约束中的轴向改为"Y"轴，播放动画发现汽车在路径上进行倒退运动，选中"翻转"复选框"Y"轴方向，这时汽车运动正常，如图4-21所示。

为了使车辆运动更真实，可以选中路径约束的

图4-20　跟随

"倾斜"复选框，它能够模拟汽车高速运动时发生的重力倾斜，如图4-22所示。读者在上机练习时可以分别设置倾斜数值的正负，测试产生的不同效果。汽车沿路径运动动画完成。

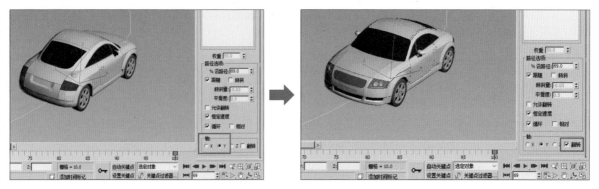

图4-21　正常运动

路径约束主要参数如图4-23所示。

① 跟随：在对象跟随轮廓运动同时将对象指定给轨迹。

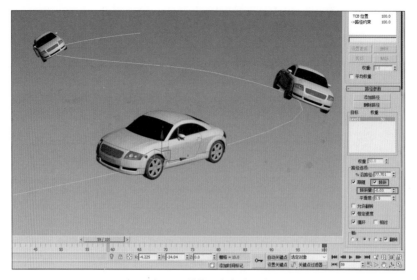

图4-22　模拟汽车高速运动

② 倾斜：当对象通过样条线的曲线时允许对象倾斜（滚动）。

③ 倾斜量：调整这个量使倾斜从一边或另一边开始，这依赖于这个量是正数或负数。

④ 平滑度：控制对象在经过路径中的转弯时翻转角度改变的快慢程度。较小的值使对象对曲线的变化反应更灵敏，而较大的值则会消除突然的转折。此默认值对沿曲线的常规阻尼是很适合的。当值小于2时往往会使动作不平稳，但是值在3附近时对模拟出某种程度的真实的不稳定很有效果。

图4-23　路径约束主要参数

⑤ 允许翻转：启用此选项可避免在对象沿着垂直方向的路径行进时有翻转的情况。

⑥ 恒定速度：沿着路径提供一个恒定的速度。禁用此项后，对象沿路径的速度变化依赖于路径上顶点之间的距离。

⑦ 循环：默认情况下，当约束对象到达路径末端时，它不会越过末端点。循环选项会改变这一行为，当约束对象到达路径末端时会循环回到起始点。

⑧ 相对：启用此项保持约束对象的原始位置。对象会沿着路径同时有一个偏移距离，这个距离基于它的原始世界空间位置。

⑨ 轴：定义对象的轴与路径轨迹对齐。

⑩ 翻转：启用此项来翻转轴的方向。

4.2.4　位置约束

位置约束能使对象物体跟随一个对象的位置或者几个对象的权重平均位置运动，如图4-24所示。机械臂中间一段的位置是由最前端和最后端两个机械臂的位置决定的，如果前端进行向前或向后的伸缩运动，中间一段机械臂的位置会自动进行响应。

动画中，位置约束影响的物体有很多，如伸缩的单筒望远镜、机械伸缩装置、卡通角色的重心等。

图4-24　位置约束示例

　　位置约束一般会约束在两个或两个以上的目标上，如果约束在一个目标上，不如使用链接工具完成。例如，乌龟的身体就是位置约束在它的四条腿上，当四条腿的位置发生改变，乌龟身体的位置会自动跟随改变，如图4-25所示。

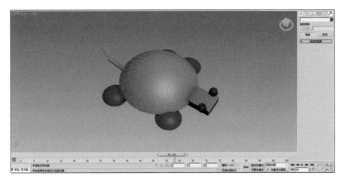

图4-25　乌龟示例

　　下面完成一个走路的茶壶实例，了解位置约束的工作流程。在场景中创建茶壶物体和它的两只脚，茶壶脚的模型是通过球体的半球命令实现的，放置好茶壶和两只脚之间的位置，茶壶高一些，在两只脚中间，如图4-26所示。

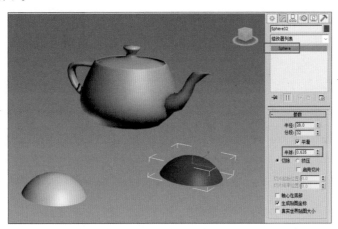

图4-26　放置物体

　　茶壶的位置就像人的重心一样，会由两只脚的位置决定。所以，要将茶壶位置约束到它的两只脚上。

　　选择茶壶，单击"动画"菜单中的"约束"命令，选择"位置约束"，在拖出虚线后单击茶壶任何一只脚，这时，茶壶整个身体都放到了这只脚上，如图4-27所示。

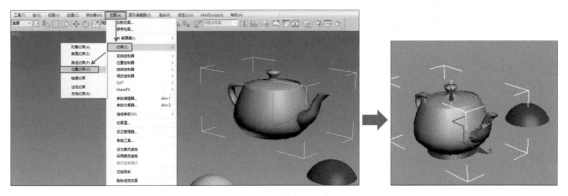

图4-27　约束一只脚

选择茶壶，进入运动命令面板，在"位置约束"的栏目中选择"添加位置目标"（Add Position Target），然后单击茶壶的另外一只脚，如图4-28所示。

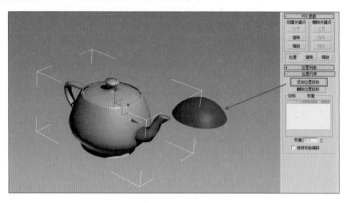

图4-28 约束两只脚

这时，茶壶被约束在两个物体的位置中间，坐在了地上，这个结果与要求有一些差距，需要茶壶保持约束以前站立的姿势。选中保持初始偏移复选框，茶壶站好了，如图4-29所示。

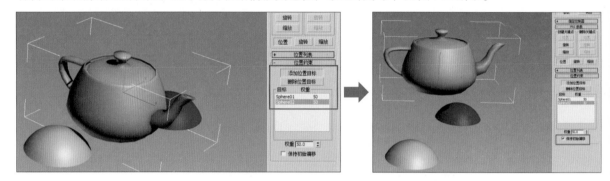

图4-29 茶壶恢复位置

下面完成茶壶向前走路的动画。选择两只脚，在第0帧，用手动关键帧工具为它们记录一个关键帧，如图4-30所示。

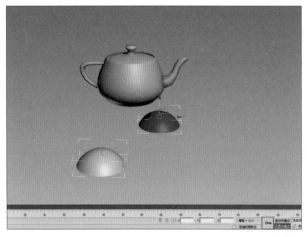
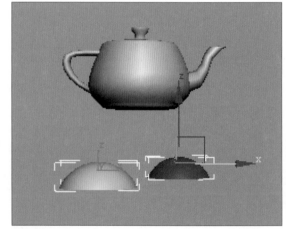

图4-30 记录关键帧

将时间滑块调整到第20帧，选择黄色的脚，向前沿X轴水平移动一个步幅，完成后选择两只脚，记录一个静止的关键帧，如图4-31所示。

同样，将时间移动到第40帧，选择红色的茶壶脚，向前沿X轴水平移动一个步幅，完成后选择两只脚，使用手动关键帧工具记录关键帧，如图4-32所示。这时播放动画，一个茶壶在平地挪动脚步的动画循环完成。

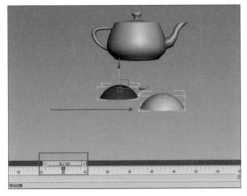

图4-31　记录静止关键帧

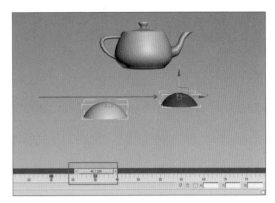

图4-32　动画完成

下面来解决挪动行走不正确的问题。

将时间滑块移动到第10帧，选择黄色的脚，打开自动关键帧工具，让它沿Z轴向上移动，模拟行走过程中的抬脚动作，如图4-33所示。

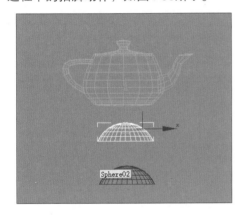

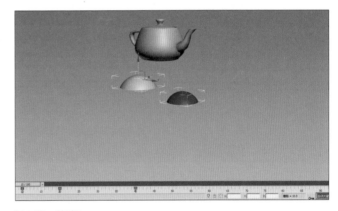

图4-33　抬脚1

同样的方法进入第30帧，选择红色的茶壶脚，为其产生一个向上抬脚的动作，如图4-34所示。

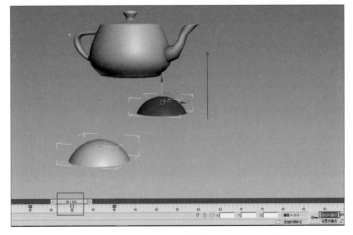

图4-34　抬脚2

播放动画，茶壶走路的一个动作循环完成了。

如果需要茶壶继续向前走下去，可以通过曲线编辑器，调整越界曲线类型来完成。选择黄色的脚，进入曲线编辑器，将其X轴的移动动画越界曲线更改为"相对重复"，如图4-35所示。

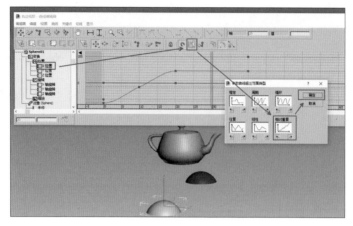

图4-35　循环走下去

Z轴的位移动画越界曲线改为"循环"，如图4-36所示。

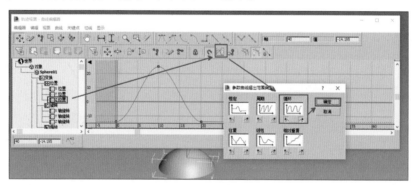

图4-36　设置为循环

同样修改红色脚的X轴和Z轴的曲线类型为相对重复和循环，茶壶向前走路的循环动作完成了。练习制作时可参考本书配套资源文件夹中本章的3ds MAX文件。

4.2.5　链接约束

链接约束可以用来创建对象与目标对象之间彼此链接的动画。链接约束在日常生活中十分常见，例如，一个机械臂将一个球体交给另外一个机械臂，这个动画过程就是球体链接约束的动画过程，如图4-37所示。

将球从一只手传递到另一只手就是一个应用链接约束的例子。假设在第0帧处，球在角色的右手中，设置手的动画使它们在第50帧处相遇，在此帧球传递到左手，随后在第100帧处分开。完成过程如下：在第0帧处以右手作为其目标，向球指定"链接约束"，然后在第50帧处更改为以左手为目标。

下面通过一个机械臂抓起一个小球，移送给一个传送带的动画来学习链接约束的工作流程，如图4-38所示。

图4-37　链接约束示例

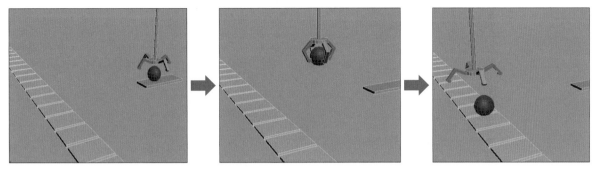

图4-38　示例

首先创建场景，黄色的传送带是由一些Box组成，将它们通过"可编辑多边形"修改器附加成一个物体，如图4-39所示。

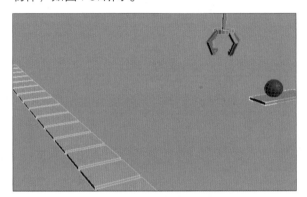
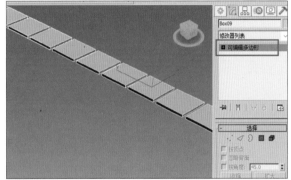

图4-39　传送带

机械臂由连接杆和底盘（两个形状不同的圆柱体），还有4个机械爪构成，机械爪由二维曲线挤出完成，改变它的轴心位置，90度旋转复制完成其他3个。模型完成后，使用"链接"工具完成机械臂的父子物体链接关系，连接杆和4个机械爪都链接到底盘物体上，如图4-40所示。

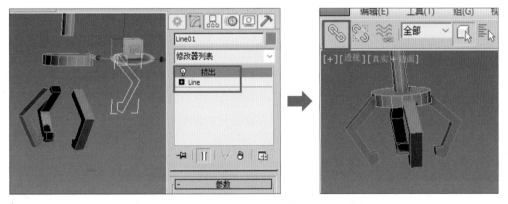

图4-40　机械臂

模型与链接关系完成以后，来看一下动画的制作过程。

单击动画控制区的时间设置工具，将动画帧速率改为PAL制（25帧每秒），动画的总时间长度改为250帧，如图4-41所示。

选择球体，在第0帧，使用"动画"菜单的"链接约束"命令，在拖出虚线后单击球放置的托板物体。这样球就在第0帧链接给了板子物体，如图4-42所示。

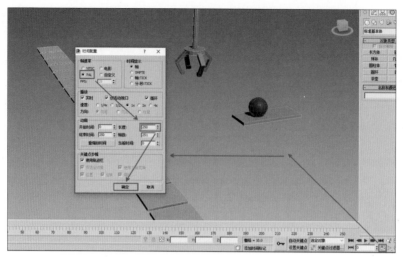

图4-41　设置动画格式

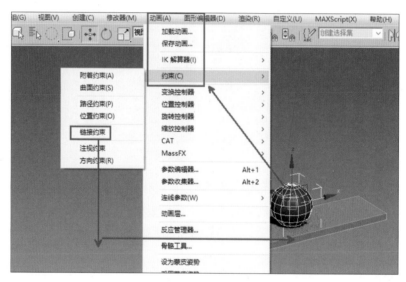

图4-42　"链接约束"命令

　　下面完成板子将球送入镜头的动画。选择板子物体，使用手动关键帧工具，在第20帧，保持板子在机械臂的正下放，创建关键帧，然后，将时间滑块拖动到第0帧，将板子移出画面，再次单击设置关键帧按钮（快捷键为K键），创建板子在画外的关键帧，如图4-43所示。动画的创建可以从前往后进行，也可以从后往前进行，关键看如何完成更高效、更合理。

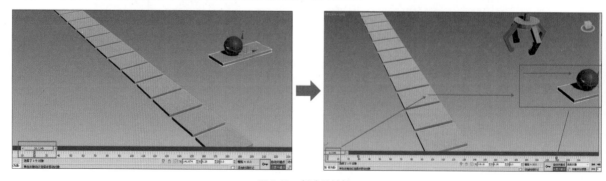

图4-43　创建关键帧

在第20帧时，选择底盘和4个机械爪，使用手动关键帧在20帧时为它们创建一个静止的关键帧，如图4-44所示。

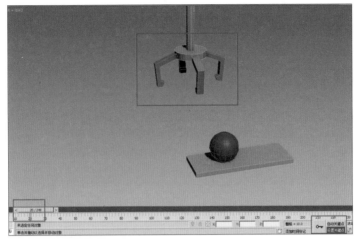

图4-44　静止关键帧

将时间滑块移动到第40帧，选择底盘物体，向下移动到能完全抓住球体的位置，选择4个机械爪，将旋转轴心改为局部自身轴心，沿Z轴旋转，4个机械爪同时张开，如图4-45所示。

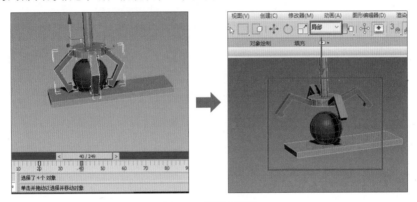

图4-45　机械爪张开

将这5个物体都选择，在第40帧创建关键帧，这时播放动画，机械臂向下移动并缓慢张开机械爪的动画完成，如图4-46所示。

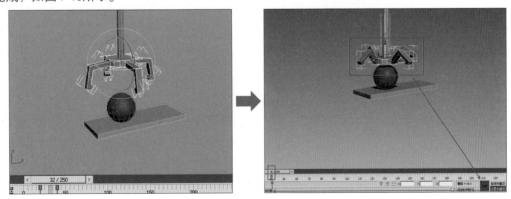

图4-46　机械爪张开动画

将时间滑块移动到第55帧，选择4个机械爪和底盘物体，将机械爪旋转到闭合状态，并使用手动关键帧工具为底盘和机械爪5个物体创建关键帧，如图4-47所示。

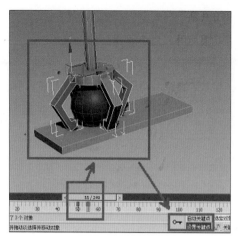

图4-47　机械爪闭合

在第70帧，选择底盘物体，将它垂直向上移动，创建关键帧。将时间移动到第90帧，将底盘物体水平移动到传送带的顶端，创建关键帧， 如图4-48所示。

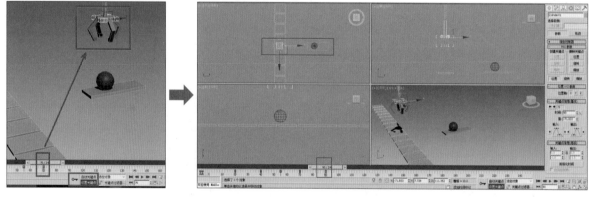

图4-48　创建关键帧

关闭动画按钮，播放动画，发现机械臂运动比较正常，但是球体没有被机械臂抓起来，如图4-49所示。这是由于链接约束一直是约束在板子物体上，应该在机械爪抓住球体后将球体的链接约束设置给机械臂底盘物体。

图4-49　球体没有被抓住

选择球体，将时间滑块移动到第55帧，在运动面板上选择"添加链接"命令，然后单击机械臂底盘物体。这时链接约束下面的链接目标列表出现目标和帧数参数，它代表从第0帧开始，球体链接给了"Box01"物体；从第55帧开始，球体链接给了"Cylinder01"底盘物体，球体完成了链接对象的转变，如图4-50所示。

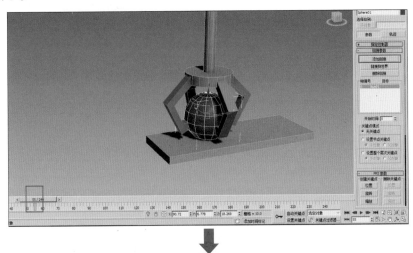

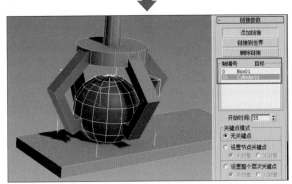

图4-50　链接对象转变

再次播放动画，发现球体成功地被机械臂抓起来，并向传送带方向移动过去，如图4-51所示。

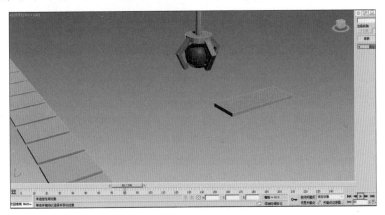

图4-51　抓起球体

将时间滑块移动到第110帧，将底盘物体向下移动到传送带上，和机械爪一起创建关键帧，如图4-52所示。

将时间滑块移动到第125帧，将机械爪旋转打开，如图4-53所示。

图4-52　创建关键帧

图4-53　打开机械爪

在第140帧时，选择底盘物体，将其向上移动，创建关键帧，将时间调整到第160帧，恢复机械臂初始位置，创建关键帧，如图4-54所示。

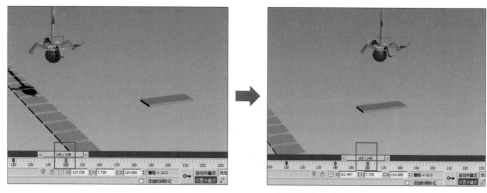

图4-54　创建关键帧

播放动画时，发现球体并没有放置在传送带上，这是由于没有将球体的链接约束指定给传送带物体。将时间滑块移动到第120帧，选择球体，在运动面板选择"添加链接"命令，单击传送带物体，如图4-55所示。

播放动画，机械臂传送小球的动画完成。

链接约束的主要参数功能如下。

① 增加链接对象：一个物体可以在不同的时间段由不同的物体控制。这也是链接约束和主工具栏中选择链接工具的主要区别。

图4-55　添加链接

② 链接给世界：取消前面物体对它的链接控制，物体位置动画恢复自身控制。例如，手拿起一个物体扔出的动作，手拿的时候物体是链接在手上，扔出后物体是链接在世界上。

③ 删除链接：链接建立错误时，可以选择错误的链接项目，使用删除链接将其删除。

同样，通过链接约束完成类似生产线的动画效果，如图4-56所示。制作中可参考本书配套资源文件夹中的原始文件。

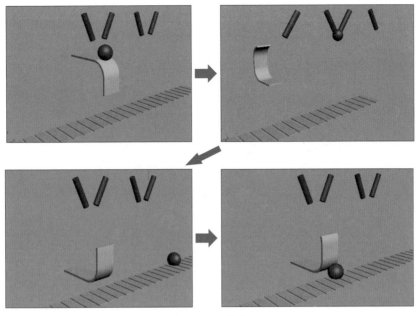

图4-56　生产线

4.2.6　注视约束

注视约束会控制对象的方向使它一直注视另一个对象，同时它会锁定对象的旋转度使对象的一个轴点朝向目标对象。例如，地面的雷达一直注视着天空的卫星，如图4-57所示。

使用注视约束的一个例子是将角色的眼球约束到点辅助对象，然后眼睛会一直指向点辅助对象，对点辅助对象设置动画，眼睛会跟随它，即使旋转了角色的头部，眼睛也会保持锁定于点辅助对象。

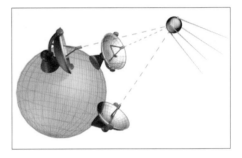

图4-57　雷达示例

下面通过完成角色眼睛注视物体的动画来学习注视约束的工作流程。打开本书配套资源文件夹中的配套文件，如图4-58所示。

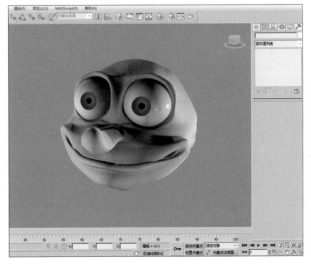

图4-58　配套文件

在顶视图上创建两个点状的辅助物体，如图4-59所示。

在前视图上保持辅助物体顶点在眼睛的正前方，如图4-60所示。

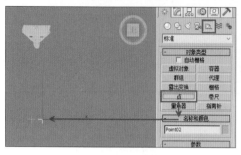

图4-59　创建辅助物体

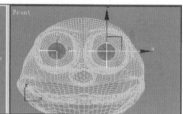

图4-60　辅助物体在眼睛正前方

在两点中间创建一个"虚拟对象"，再将两个点物体使用主工具栏的"选择并链接"工具链接到虚拟对象上，如图4-61所示。

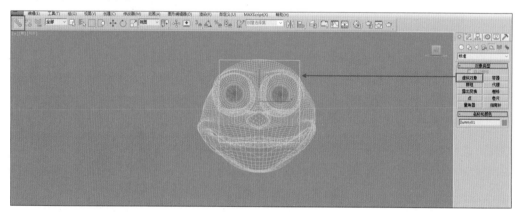

图4-61　链接

选择左边的眼睛，使用"动画"菜单下的"注视约束"命令，单击左侧的点辅助物体，如图4-62所示。

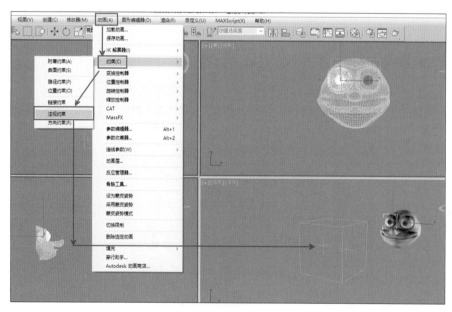

图4-62　"注视约束"命令

这时注视约束完成，发现卡通角色的眼睛背对前面，这是由于默认的注视约束是由物体的第一个面注视。进入运动面板，选中"保持初始偏移"复选框，眼睛恢复正常，如图4-63所示。

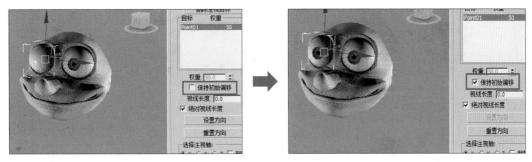

图4-63　选择"保持初始位置"复选框

同样的方法完成右眼的注视约束。如果不喜欢眼睛中间注视物体的射线，可以将视线长度改为0，如图4-64所示。注视约束设置完成。

这时移动虚拟体，眼睛就会根据目标方向的改变而改变，如图4-65所示。注视约束是制作角色动画眼睛动作的必备工具。

图4-64　改变射线

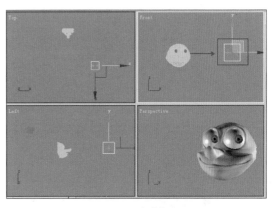

图4-65　完成约束

注视约束主要参数功能如下（如图4-66所示）。

① 添加注视目标：用于添加影响约束对象的新目标。

② 删除注视目标：用于移除影响约束对象的目标对象。

③ 权重：用于为每个目标指定权重值并设置动画。仅在使用多个目标时可用。

④ 保持初始偏移：将约束对象的原始方向保持为相对于约束方向上的一个偏移。

⑤ 视线长度：定义从约束对象轴到目标对象轴所绘制的视线长度（在多个目标时为平均值）。值为负数时会从约束对象到目标的反方向绘制视线。

图4-66　主要参数

4.2.7　方向约束

方向约束会使某个对象的方向沿着另一个对象的方向或若干对象的平均方向改变而改变，如图4-67所示为方向约束的雨篷。

方向受约束的对象可以是任何可旋转对象，受约束的对象将从目标对象继承其旋转，一旦约束后，便不能手动旋转该对象，约束的目标对象可以是任意类型的对象，目标对象的旋转会驱动受约束的对象，使其跟随旋转。

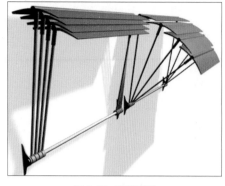

图4-67 雨篷示例

下面使用方向约束完成折扇打开动画，学习方向约束的工作流程。

在顶视图创建长方体，进入层级面板，使用"仅影响轴"将它的轴移动到正下方，如图4-68所示。

选择"Box"后单击右键，将其转换为可编辑的多边形，进入"顶点"级别，选择下端的顶点，对其进行水平缩放，完成扇叶上宽下窄的造型，如图4-69所示。

使用"旋转"工具将长方体旋转到扇叶的起始位置后，旋转复制，如图4-70所示。

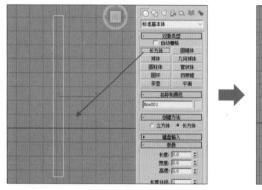

图4-68 创建长方体

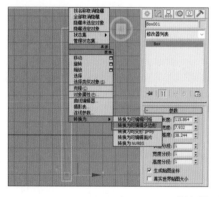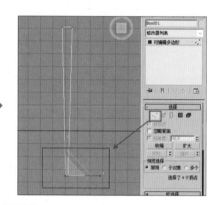

图4-69 完成扇叶造型

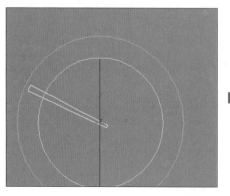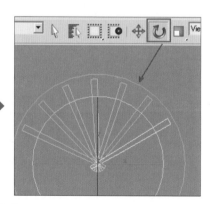

图4-70 复制旋转

分析扇子打开的动作，中间的扇叶是根据两端的扇叶旋转运动而打开的，所以中间的所有扇叶都应该约束到第一和最后一根扇叶上，如图4-71所示。

选择第二根扇叶，使用"动画"菜单下的"方向约束"命令，在拖出虚线后单击第一根扇叶，这时第二根扇叶完全旋转到了第一根扇叶的位置，如图4-72所示。

保持第二根扇叶的选择，进入运动命令面板，在"方向约束"的栏目下选择"添加方向目标"选项，单击最后一根扇叶，如图4-73所示。

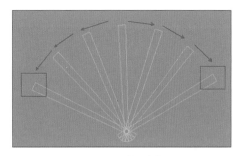

图4-71 分析动作

图4-72 选择"方向约束"命令

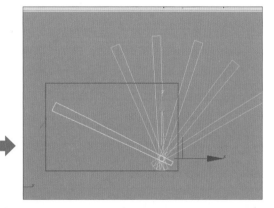

当第二根扇叶受第一根和最后一根约束时，它就旋转到了约束对象的正中间，如图4-74所示。可以通过调整约束权重（约束力的大小）来控制第二根扇叶的位置。

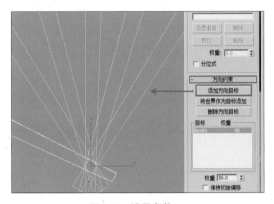

图4-73 设置参数

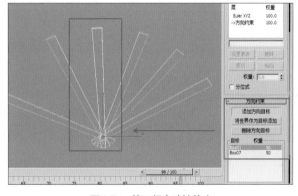

图4-74 第二根扇叶被约束

将最后一个物体的权重值改小，使第二根扇叶旋转到正确的位置，如图4-75所示。

同样的方法将第三根扇叶约束到第一根和最后一根扇叶上，也是调整权重值使其回到原有的位置，权重数值的调节有时需要两个旋转的约束物体影响力同时起作用，如图4-76所示。

约束完成后，旋转最后一根扇叶，发现中间的所有扇叶能够自动响应，如图4-77所示。

下面来完成扇叶打开并扇动扇子的动画。

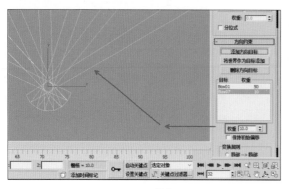

图4-75　调整位置

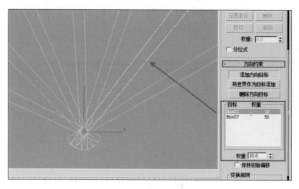

图4-76　第三根扇叶

在扇子的旋转轴心部分创建虚拟体，使用"链接"工具将所有扇叶链接到虚拟体上，如图4-78所示。

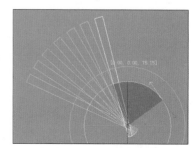

图4-77　自动响应

打开手动动画关键帧记录按钮，将时间滑块移动到第10帧，选择最后的扇叶，单击钥匙图标（快捷键为K键）为其创建关键帧，如图4-79所示。

将时间滑块移动到第0帧，选择最后一个扇叶旋转到扇子合拢的状态，单击钥匙按钮记录关键帧。播放动画，扇子打开的动画完成，如图4-80所示。

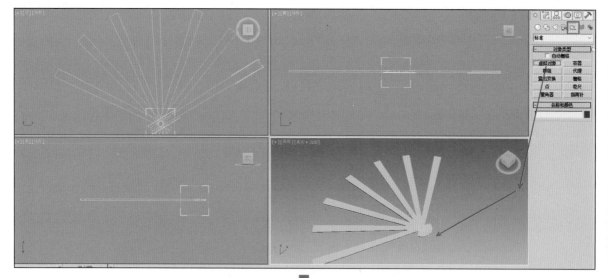

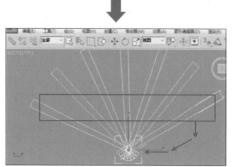

图4-78　链接到虚拟体上

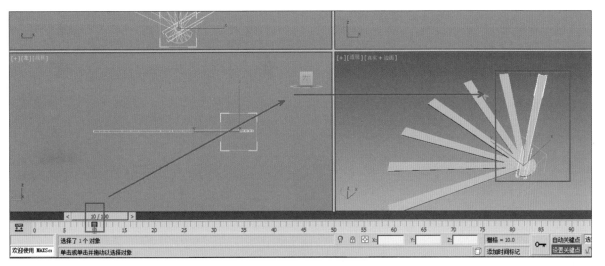

图4-79 创建关键帧

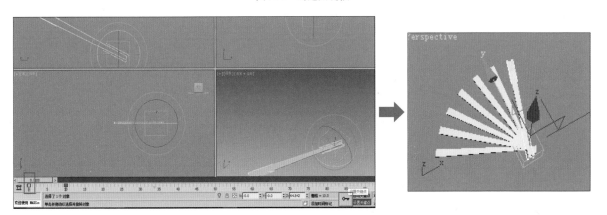

图4-80 打开扇子

下面来完成整个扇子扇动的动画。

选择虚拟体，打开手动关键帧记录工具，在第10帧为其记录一个静止的关键帧，如图4-81所示。

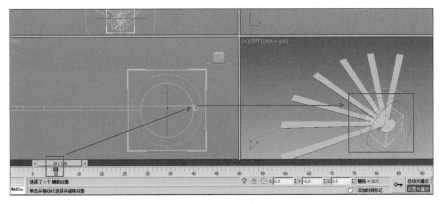

图4-81 静止关键帧

将时间滑块移动到第20帧，将虚拟体沿X轴旋转一定角度，单击钥匙工具（快捷键为K键）记录关键帧，模拟扇子扇动的效果，如图4-82所示。

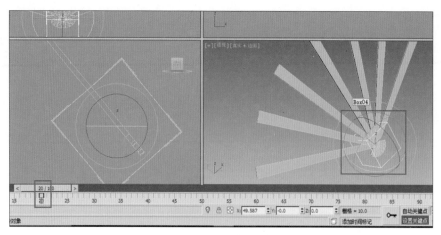

图4-82　模拟扇子扇动

如果需要扇子重复刚才的扇动动作，可以进入"曲线编辑器"，将虚拟体的"X轴旋转"动画越界曲线改为"往复"循环类型，如图4-83所示。

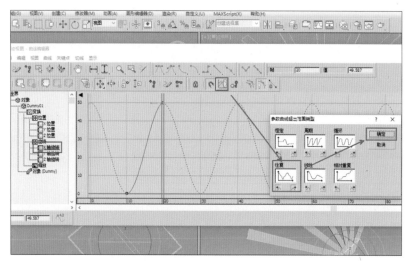

图4-83　循环扇动

播放动画，扇子方向约束展开并循环扇动的动画完成，读者练习时可参考配套资源文件夹中本章节的完成文件。

4.3 约束的综合实例——机械臂

本节通过完成起重机机械臂抓取一个重物并搬运放置到一辆汽车上的动画，来综合学习约束控制器的使用方法，如图4-84所示，起重机的机械臂运动由下面6个动作组成。

① 起重机的静止阶段。

② 起重机机械臂伸展出来，旋转到需要抓取的货物顶端。

③ 提起货物向货车方向运动。

④ 将货物放置在货车上。

⑤ 起重机机械臂返回初始状态。

⑥ 货车发动起来，拉着货物驶出画面。

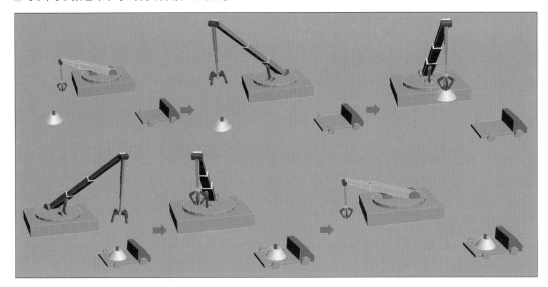

图4-84　动作组成

　　首先看机械臂主臂模型，由于主要研究机械臂的工作动画解决方案，在主体模型的制作过程中，要尽量简洁，所以机械臂模型主要由底座长方体、大的转盘圆柱体和机械主臂三个长方体构成，如图4-85所示。

　　依次选择主臂的三部分，使用层次的"仅影响轴"命令将它们的轴心点依次移动到自身的根部，目的是主臂要在根部进行旋转，如图4-86所示。

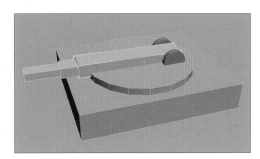

图4-85　机械臂模型

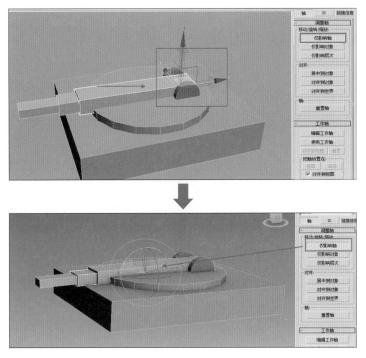

图4-86　移动轴心点

选择主臂的中间一段，使用"动画"菜单的"位置约束"命令将其约束到主臂的第一根和第三根上，添加第三根臂要使用运动命令面板的"添加位置目标"命令，如图4-87所示。

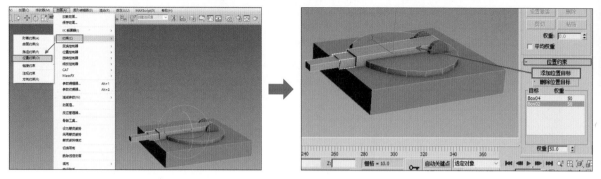

图4-87　位置约束

这时，选择第一根臂向前移动的时候，中间的机械臂就能自动伸缩响应了，如图4-88所示。

当第三根主臂旋转时，问题出现了，前面两根机械臂没有跟随旋转，如图4-89所示。

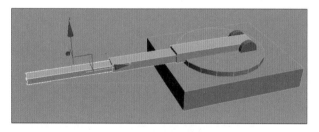

图4-88　伸缩响应

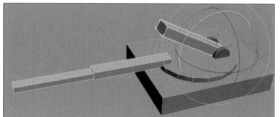

图4-89　没有跟随旋转

解决这一问题需要对机械臂创建父子物体链接层级关系，使用主工具栏中的"链接"命令，选择前端的两根机械臂，按住鼠标左键拖出虚线到第三根臂上松开，将它们同时链接到第三根主臂上。这时旋转第三根主臂，运动正确，如图4-90所示。

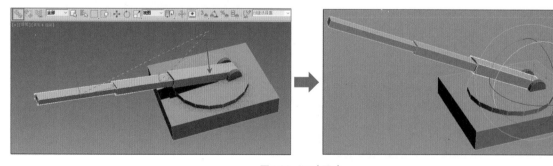

图4-90　运动正确

制作过程中，选择物体旋转测试时，注意打开"角度捕捉"工具，这样才能将物体旋转到初始的状态。

在机械臂旋转起来以后，再想伸缩机械臂的长短，发现没有以前那么容易，由于坐标系还是默认的视图坐标系，很难让第一根机械臂沿着伸缩的方向正确移动，如图4-91所示。

将工具栏中的坐标系由视图坐标系改为局部坐标系，沿X轴伸缩正常，如图4-92所示。

使用"链接"工具将第三根机械臂和两个旋转轴承物体链接到转盘上，让转盘成为它们的父物体，旋转转盘测试，动画正常，机械臂主臂模型链接、约束关系基本完成，如图4-93所示。

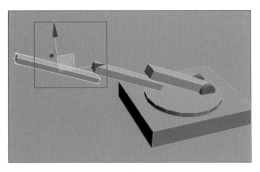

图4-91　没有正确移动

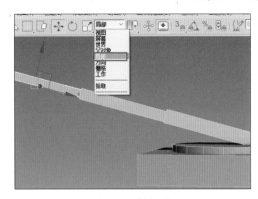

图4-92　伸缩正常

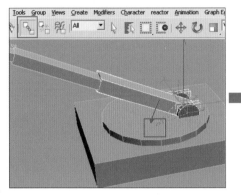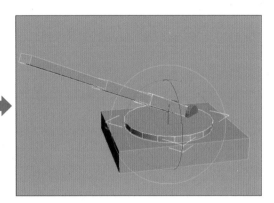

图4-93　链接、约束关系完成

下面看一下主臂前端的垂直机械臂的构成。

最底端的机械臂钢爪，由四个部件组成，钢爪单独部件由创建二维侧面后挤出完成；钢爪顶端是球体完成的钢珠，再往上是由三个长方体组成的垂直机械臂，最后通过一个简单的圆柱体和主机械臂链接，如图4-94所示。

下面看一下垂直机械臂的约束关系。和主臂一样。选择第二根垂直机械臂，使用"动画"菜单下的"位置约束"命令，将其约束在第一根和第三根机械臂上，如图4-95所示。

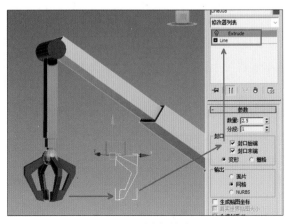

图4-94　垂直机械臂

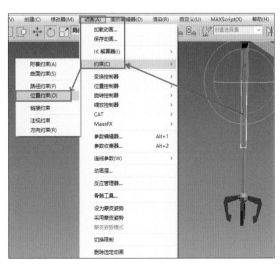

图4-95　位置约束

下面分析一下垂直机械臂的链接关系。从机械臂底端开始，首先是四个钢爪链接到钢球上，然后钢球链接到第一根机械臂上，再下来，第一根机械臂和第二根机械臂一起链接到第三根机械臂上（这一点与前面提到的主机械臂原理相同），第三根机械臂链接到顶端圆柱体轴承上，最后轴承圆柱体链接到主机械臂的第一根机械臂上，如图4-96所示。

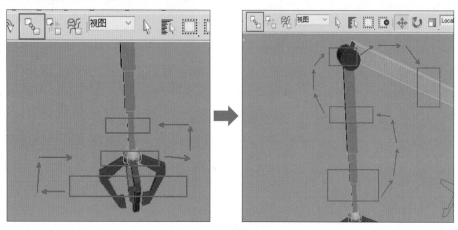

图4-96　链接关系

对机械臂圆盘底座进行水平旋转测试，所有的链接部件能够跟随水平旋转，动画运动正确，但对主机械臂第三根进行垂直旋转测试，发现垂直机械臂也跟随旋转，不能保持垂直，测试错误，如图4-97所示。

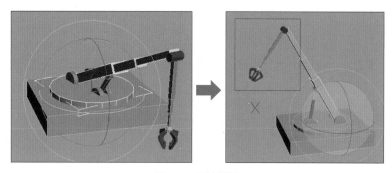

图4-97　测试错误

下面，对垂直机械臂进行运动分析。底盘水平旋转运动时，垂直机械臂应该跟随父物体的水平旋转而旋转，第三根主机械臂发生垂直（升降）旋转运动时，它不能跟随旋转，要保持垂直。这种子物体链接父物体运动项目的增减变化，可以使用层级命令面板链接信息调整来修改。

选择轴承圆柱体，进入"层级"命令面板，在"链接信息"中，将它继承父物体"Y轴旋转"项目取消，如图4-98所示。

再次测试第三根机械主臂Y轴旋转，发现垂直机械臂不发生倾斜，测试结果正确，如图4-99所示。

接下来，制作机械臂前端的液压装置。液压装置的模型是由三个圆柱体和一个长方体组成，圆柱体模型完成后，将上面的小圆柱体使用"选择并链接"工具链接到第三根主机械壁上，下面的两个圆柱体链接到机械臂圆盘底座上，如图4-100所示。

在顶视图创建液压杆长方体并移动到正确的位置，使用"层级"面板，使用"仅影响轴"命令将长方体的轴心移动到液压杆的底部中心，如图4-101所示。

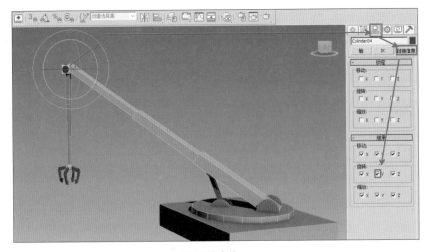

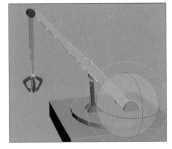

图4-98　取消Y轴旋转　　　　　　　　　图4-99　测试结果正确

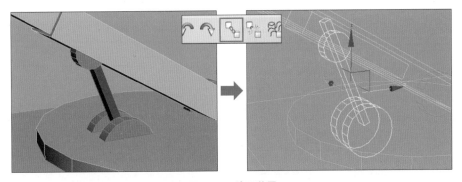

图4-100　液压装置

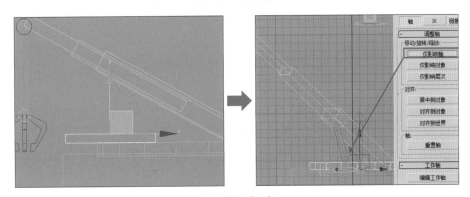

图4-101　液压杆

使用"旋转"命令，将长方体旋转，让其指向第三根主机机械臂上的圆柱体中心，如图4-102所示。

接下来的动画要求是，在主机机械臂上下旋转时，要求液压装置长方体能始终指向主机机械臂上的圆柱体，模拟液压推动主机机械臂上下运动，这个动画的模拟需要使用"注视约束"来完成。

选择长方体，使用"动画"菜单的"注视约束"命令，单击主机机械臂上的圆柱体，让它成为长方体注视的目标，这时长方体有可能会反向，由它的第一个表面法线方向注视目标物体，如图4-103所示。

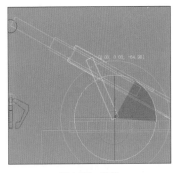

图4-102　旋转

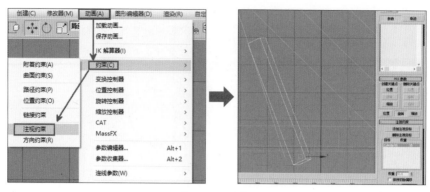

图4-103　注视

在运动面板上选择"保持初始偏移"复选框，将视线长度改为0，选择主机械臂做旋转测试，这时，长方体就正确的指向机械臂上的圆柱体了，并能根据主机械臂的高低旋转改变而改变，最后将长方体也链接到底盘物体上，如图4-104所示。

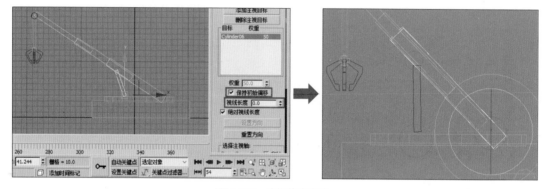

图4-104　注视约束完成

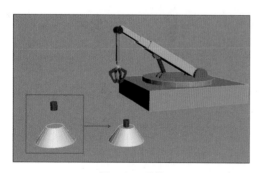

图4-105　重物

虚拟的重物模型很简单，由一个圆柱体和圆锥体构成，模型完成后，将圆锥体链接到圆柱体上，如图4-105所示。

由于主要介绍约束动画的制作过程，所以汽车的模型也非常简单，由基础的长方体车身圆柱体车轮和挤出成型的车头物体完成，车头内部有一个长方体，用来对物体位置的总体控制。汽车的链接关系是：车头链接在车身上，车身再链接到车头内部的总体控制物体上，四个轮子也链接到总体控制物体上，四个轮子使用上章节的脚本控制器，让其跟随总体控制器的X轴位移而自动旋转，如图4-106所示。

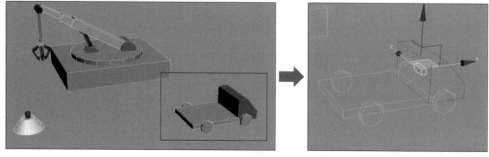

图4-106　汽车模型

机械臂的整体模型与动画设置完成，下面分析一下动画设置的关键物体。

底盘物体能够很好地控制机械臂水平旋转的各个方向。如图4-107所示。

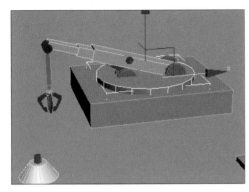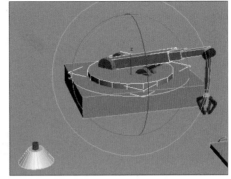

图4-107　底盘物体

第三主机械臂能够控制整体机械臂的抬高角度，如图4-108所示。

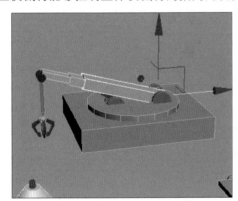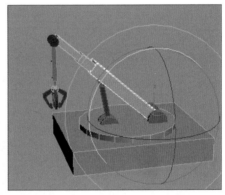

图4-108　第三主机械臂

第一主机械臂能够自如控制主机械臂的伸出长短，但是注意，在移动第一主机械臂时注意使用局部坐标系，还要在固定的X轴范围内移动，如图4-109所示。

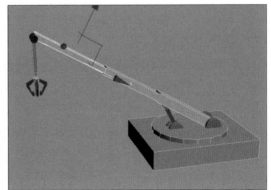

图4-109　第一主机械臂

第一垂直机械臂，它能够控制垂直机械臂的伸缩长短，如图4-110所示。

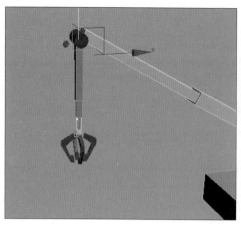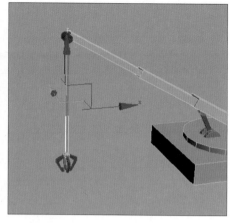

图4-110　第一垂直机械臂

机械爪在进行动画设置时，可以选择四个机械爪，使用局部坐标方式让其自如抓取物体，如图4-111所示。

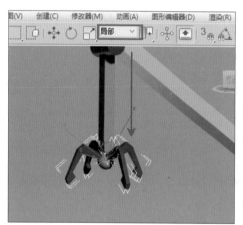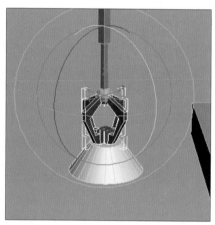

图4-111　机械爪

机械臂主要动画设置完成了，虚拟的重物物体在动画过程中使用了"链接约束"，最开始时链接在世界上，然后链接在机械爪的圆球物体上，最后链接在车身长方体上，这个链接完成过程可以参见本章的链接约束部分，如图4-112所示。

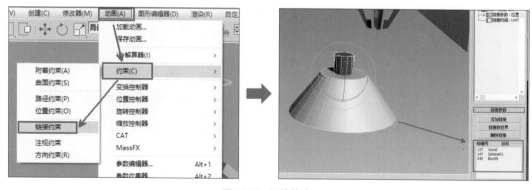

图4-112　链接约束

通过主要动画物体自动关键帧或手动关键帧的记录，机械臂将虚拟重物抓取并放置到卡车上的约束动画完成。详细内容可以参考配套资源文件夹中本节3ds MAX源文件，如图1-113所示。

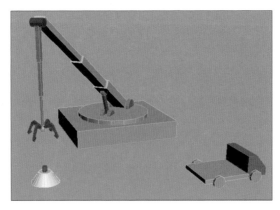

图4-113　动画完成

　　本章主要讲述约束动画的知识。在日常生活中约束动画是普遍存在的，特别是在模拟机械工作或生产流程运动时，大家可以注意观察身边发生的机械工作过程，并用所学的约束动画相关知识把它完成出来，这样就能更加熟练地理解和掌握机械运动类型动画的制作流程。

思考题

　　1．约束动画有哪些约束类型？各自有什么功能？

　　2．约束动画和控制器动画有什么异同？

　　3．路径约束的操作流程和重要参数有哪些？

　　4．怎样理解链接工具和链接约束？

　　5．模拟一个机械玩具的安装生产流程，设计并完成一段约束动画。

05 Chapter

材质与修改器动画

本章重点

- 了解材质与修改器动画的制作思路。
- 了解材质随机动画制作流程。
- 了解渐变贴图在材质动画中的运用。

学习目的

在3ds MAX中，绝大多数物体参数、材质参数、修改器参数可以设置为动画。材质与修改器动画是对关键帧动画、控制器动画、约束动画的强大补充，能够帮助动画创作者完成更加变幻莫测的动画效果。本章通过材质和修改器动画的经典实例进行阐述，让读者由浅入深地逐步理解和掌握材质与修改器动画的制作思路。

5.1　材质基础动画

3ds MAX材质基础动画大致可以分为：基本材质动画——颜色（漫反射材质动画）、背景动画、漫反射颜色向贴图转变、材质噪波控制器动画和贴图向贴图转变材质动画。下面对其制作思路进行讲解。

5.1.1　基本材质动画——颜色

基本材质动画——颜色，是指将物体漫反射颜色在不同的关键帧进行改变形成的动画效果。例如，一朵花开始是黄色，后来慢慢变成粉红色，就属于漫反射材质动画。

材质漫反射颜色动画只能通过自动关键帧模式记录，手动关键帧模式无法记录材质动画。

下面介绍漫反射材质动画的使用流程。首先按M键将"材质编辑器"打开，选择一个材质球赋予一个场景物体，如图5-1所示。

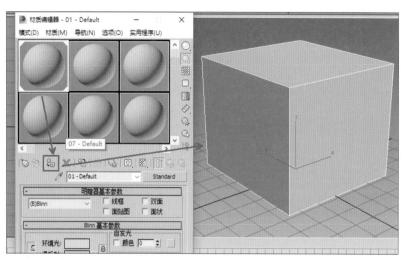

图5-1　选择材质球

打开自动关键帧按钮，在不同的关键帧将物体的"漫反射"颜色改为不同的颜色，如第0帧设置为黄色，如图5-2所示。

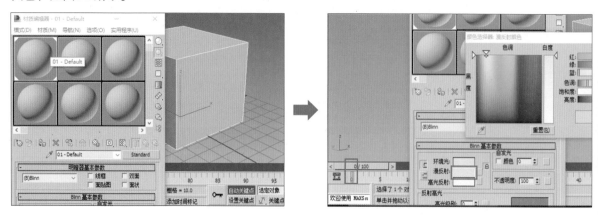

图5-2　更改颜色

在第20帧改变为绿色，如图5-3所示。

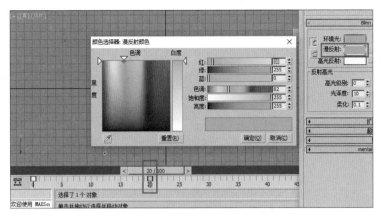

图5-3　改为绿色

在第40帧改变为红色，由于自动关键帧记录按钮已经打开，在时间线上就会产生一些灰色的关键帧，记录物体材质颜色的改变，如图5-4所示。

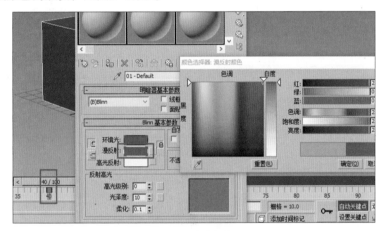

图5-4　改为红色

这时，单击动画"播放"按钮，物体漫反射材质动画完成，如图5-5所示。

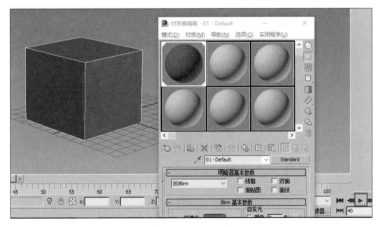

图5-5　动画完成

物体漫反射材质动画是最简单的材质动画类型，制作过程非常简单，有时能够产生较好的动画效果。对它的修改可以通过激活时间线，选择并删除材质动画关键帧来实现，如图5-6所示。

基础漫反射材质动画也能使用到透明度、自发光等其他贴图通道。

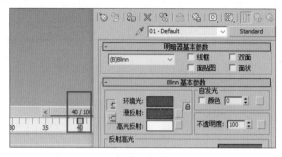

图5-6 删除方法

5.1.2 背景动画

背景动画在栏目包装、广告片头动画表现上使用广泛，3ds MAX背景动画有两种实现方法。

第一种：使用动画视频文件完成动画背景。

使用动画文件作为环境背景贴图，动画文件包括常见的AVI文件、MOV文件或序列帧图片文件。

按下数字键8打开"渲染"菜单的"环境和效果"控制面板，单击"无"按钮为其指定"位图"贴图类型，如图5-7所示。

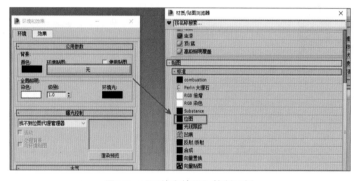

图5-7 "环境和效果"控制面板

双击"位图"后在弹出的挑选位图面板上选择一个动态文件，如图5-8所示。通常情况下会认为位图一定是静态JPG、TGA等类型的贴图文件，其实3ds MAX中的位图可以是AVI、MOV等类型的动画文件。

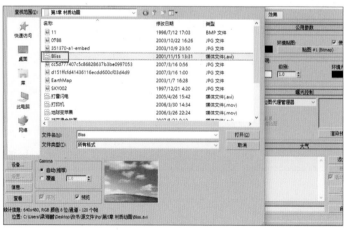

图5-8 选择文件

单击"打开"按钮后，单击"渲染"工具，就会发现背景上显示的是刚才选择的视频文件，如图5-9所示。

图5-9　背景显示

拖动时间滑块在不同的时间进行动画渲染，就能得到不同的动画背景，如图5-10所示。

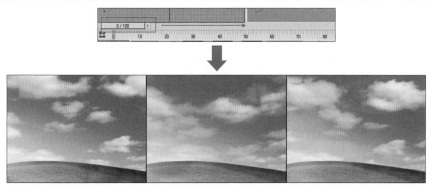

图5-10　得到不同背景

第二种：对静态图片进行裁切得到动画背景。

同样打开"渲染"菜单的"环境和效果"控制面板，单击"无"按钮为其指定"位图"贴图类型，如图5-11所示。

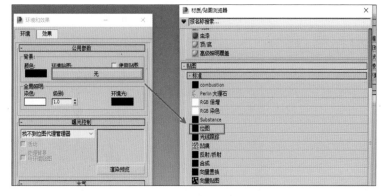

图5-11　指定贴图类型

在弹出的选择位图面板上选择一张静态图片作为背景，如图5-12所示。

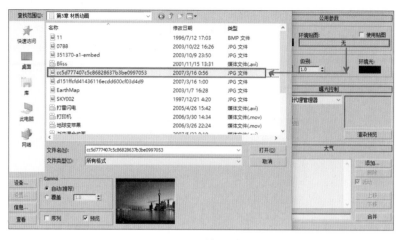

图5-12　选择图片

打开"材质编辑器"（快捷键为M键），单击背景贴图并拖曳到一个空白的材质球上，在弹出的复制选项中选择"实例"，如图5-13所示。这时材质球上就会显示背景选择的静态图片，如图5-14所示。

图5-13　复制选项

在材质面板的位图参数项目下，选择裁剪/放置中的"应用"复选框，单击"查看图像"按钮，将位图中的裁切框缩小放置到画面的一侧，如图5-15所示。

打开自动关键帧记录按钮，将时间滑块移动至第100帧，将位图裁切框由右侧移动到左侧，平移背景动画设置完成，如图5-16所示。

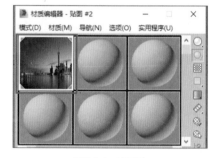

图5-14　材质球

图5-15　调整参数

图5-16　平移背景

在不同时间位置上对画面进行渲染，能够得到不同的动画背景效果，如图5-17所示。

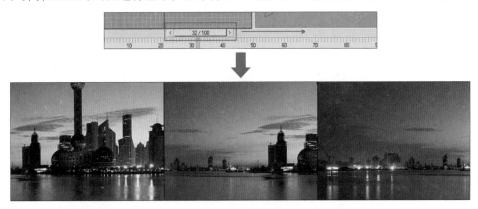

图5-17　动画背景效果

动画背景设置相对比较简单，要求在动画创作中能够灵活运用。

5.1.3　漫反射颜色向贴图转变

在动画制作中，有时会碰到物体由没有贴图向有贴图转变的材质动画效果，如一张白纸随着慢慢地展开出现一幅图画，这就是典型的漫反射颜色向贴图转变动画。

下面通过一个简单实例学习它的制作流程。

在场景中制作一个平面物体，如图5-18所示。

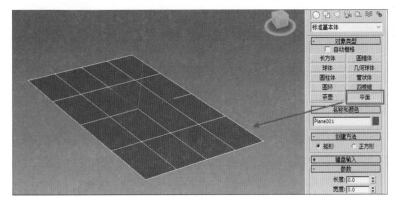

图5-18　平面物体

打开"材质编辑器"，将一个材质球"漫反射"颜色改为黄色后赋予平面物体，如图5-19所示。

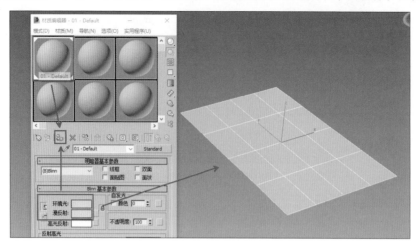

图5-19　赋予材质

同时，单击漫反射贴图命令，为其指定一张"位图"，如图5-20所示。

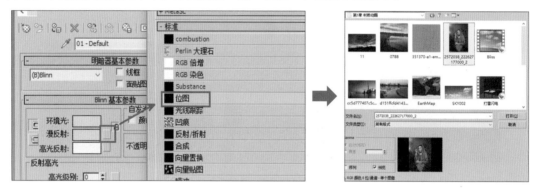

图5-20　指定"位图"

单击"显示贴图"按钮，视图中贴图显示在平面物体上，如图5-21所示。

返回贴图上一级，在贴图通道中可以对贴图数值进行动画设置，达到漫反射颜色向贴图转变的动画目的，如图5-22所示。

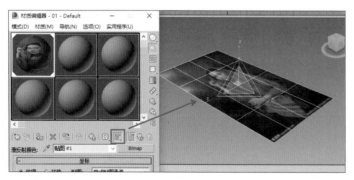

图5-21　贴图

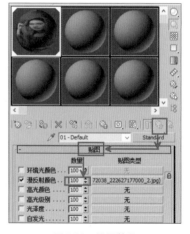

图5-22　设置数量

贴图数值为0时，代表贴图比例为0（贴图完全透明，不起任何作用）；数值为100时，代表贴图完全覆盖漫反射材质颜色。

在第0帧时，将贴图数值改为0，打开动画按钮，将时间滑块移动到第80帧，再将数值改为100，如图5-23所示。这就代表第0帧到第80帧之间，贴图在逐渐地显示出来，达到颜色向贴图转变的目的。

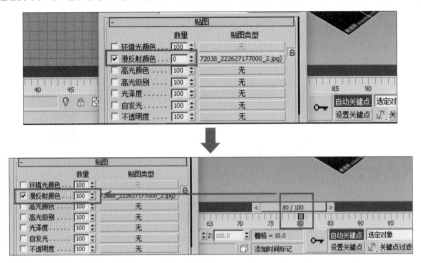

图5-23　逐渐显示

移动时间滑块，可以看到材质在不同时间上的变化，如图5-24所示。

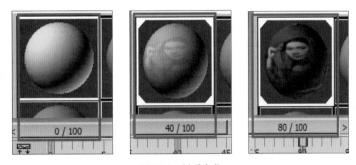

图5-24　材质变化

颜色向贴图转变动画在视图中是无法实时播放预览的，可以在不同的时间段，对画面进行渲染，能够查看颜色向贴图转变的动画效果，如图5-25所示。

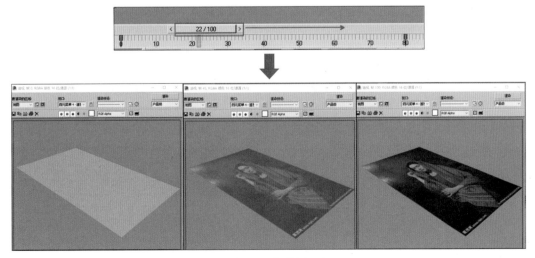

图5-25　查看效果

5.1.4　材质噪波控制器动画

可以使用噪波控制物体的漫反射材质颜色，让其产生随机的动画效果，如随机闪烁的霓虹灯或警车灯效果。

下面通过实例学习一下噪波控制物体漫反射颜色的工作流程。

创建一个"茶壶"物体，并赋予它一个空白材质，如图5-26所示。

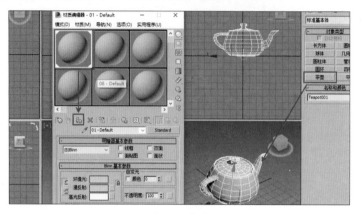

图5-26　茶壶

选择茶壶，进入"曲线编辑器"，在左侧的动画控制区找到"Teapot001"茶壶项目，如图5-27所示。

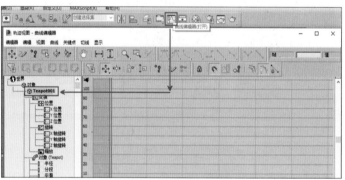

图5-27　曲线编辑器

将"Teapot001"下方的材质球加号展开，选择材质明暗生成器中的"漫反射颜色"动画项目，如图5-28所示。

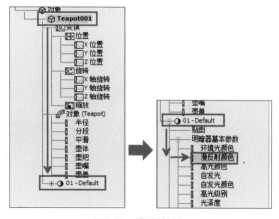

图5-28　漫反射颜色

右键单击"漫反射颜色"项目，选择"指定控制器"，在弹出的控制器面板上选择"噪波Point3"控制器，如图5-29所示。

噪波控制器参数中，"频率"代表噪波变化的频率速度快慢，"X、Y、Z向强度"代表RGB（红绿蓝）三色的变化强弱，如图5-30所示。

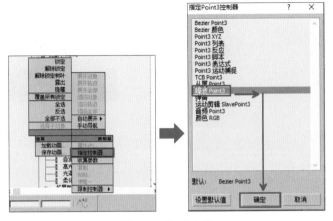

图5-29　噪波Point3

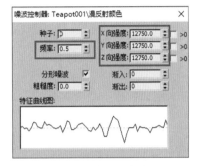

图5-30　控制器参数

对默认的噪波参数不做修改，单击"播放"动画按钮，茶壶漫反射随机变化的效果完成，如图5-31所示。

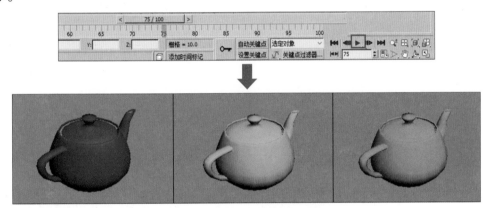

图5-31　完成效果

配合材质编辑器中的漫反射贴图数量的动画设置，可以完成物体随机闪烁后慢慢地变成贴图的材质动画效果，如图5-32所示。

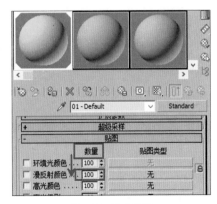

图5-32　综合效果

5.1.5 贴图向贴图转变材质动画

前面介绍了3ds MAX材质漫反射向贴图转变的动画，它可以通过调整贴图的数值来实现。如果需要贴图向贴图变化应如何解决呢？下面介绍材质贴图向贴图转变的制作方法。

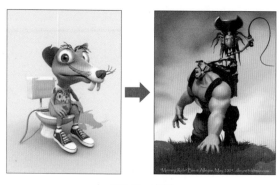

例如，想要一张小老鼠的图片变成另一张角色图片，如图5-33所示。

创建一个平面物体，为其赋予一个新的材质，如图5-34所示。

图5-33　实例

单击漫反射后的贴图按钮，为其添加"混合"贴图，如图5-35所示。

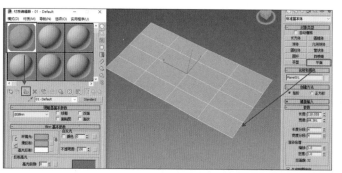

图5-34　平面

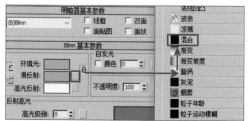

图5-35　"混合"贴图

在"混合"贴图类型中，单击颜色1和颜色2后的"无"按钮，在弹出的面板中选择"位图"，分别指定两张变换的贴图，如图5-36所示。

将自动关键帧记录按钮打开，时间滑块由第0帧移动到第50帧，将混合数值由0调整到100，播放动画，发现材质球中两个材质完成了很好的动画变换效果，如图5-37所示。

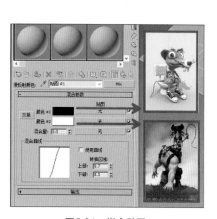

图5-36　指定贴图

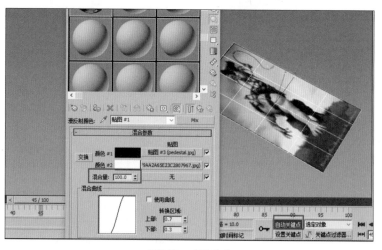

图5-37　动画完成

材质贴图动画在视图中是无法实时播放的，拖动时间滑块，对场景进行快速渲染，贴图变换动画完成，如图5-38所示。

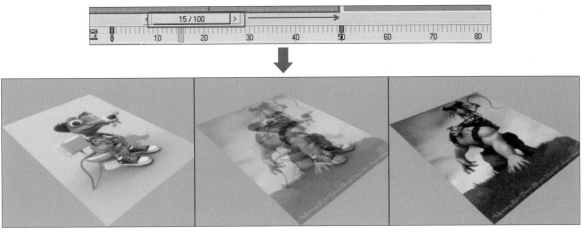

图5-38 查看效果

5.2 材质动画与修改器动画联合运用

5.1节介绍了3ds MAX材质动画的主要工作流程，对基础颜色动画、背景动画、漫反射向贴图转变、噪波控制物体颜色、贴图向贴图转变等材质动画类型进行了深入了解，接下来介绍材质动画与修改器动画联合使用的典型案例。

5.2.1 按元素分配材质动画

首先通过一个模拟LED广告屏图片慢慢出现的动画效果，来学习按元素分配材质的工作原理，如图5-39所示。LED显示屏上开始是没有任何图像的，然后图像随机的慢慢出现，最后整个LED屏幕上出现广告画面。

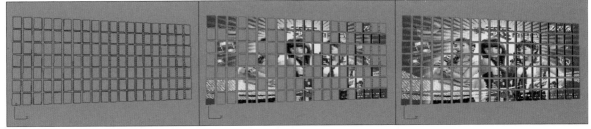

图5-39 实例

完成LED屏模型，在前视图上创建"长方体"，沿X轴水平复制，如图5-40所示。

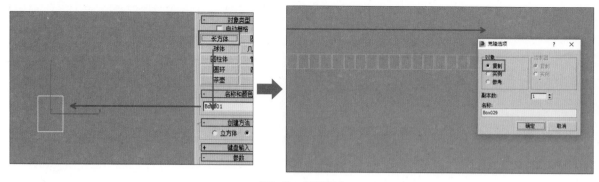

图5-40　水平复制

全选水平长方体，再向下垂直复制，如图5-41所示。

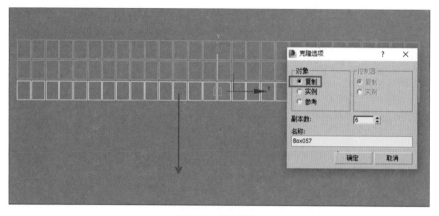

图5-41　垂直复制

选择任意一个Box物体，单击右键，在弹出的菜单中选择"转换为可编辑多边形"（Convert to Editable Poly），如图5-42所示。

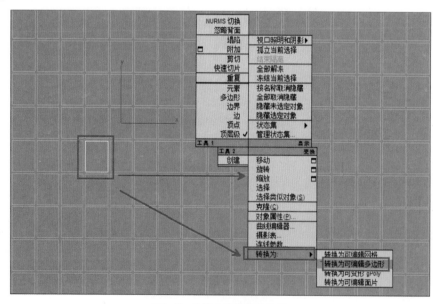

图5-42　转换为可编辑多边形

在修改面板上单击附加后面的方框按钮，在弹出的附加列表中全选后单击"附加"按钮，这使所有的Box附加成为一个物体，如图5-43所示。

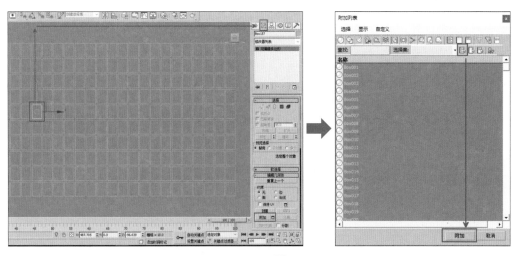

图5-43　附加

在多边形的子物体级别对面进行全选，将其面的材质ID号设置为1后按回车键，如图5-44所示。

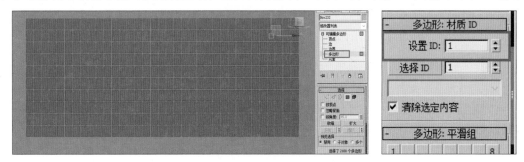

图5-44　设置材质ID

退出多边形选择级别，LED模型完成，将"材质编辑器"打开，赋予LED物体一个新的材质，如图5-45所示。

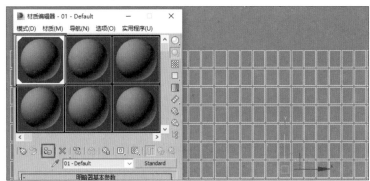

图5-45　赋予新材质

将材质类型由"Standard"（标准）的改为"多维/子对象材质"类型，如图5-46所示。

图5-46　新材质

进入多维/子对象材质的材质ID1，将其"不透明度"改为0，代表完全透明，如图5-47所示。

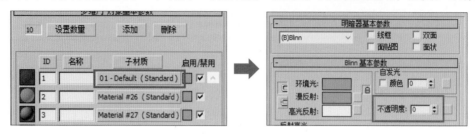

图5-47 透明度

单击"返回材质上一级"按钮，进入材质ID2，在材质"漫反射"（Diffuse）通道中指定贴图，如图5-48所示。贴图完成后注意开启在视图窗口中显示贴图命令。

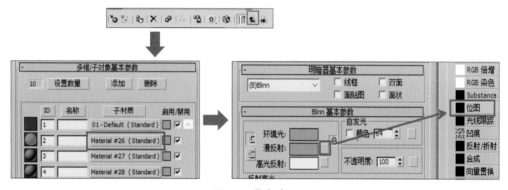

图5-48 指定贴图

在透视图选择LED物体，将其线框色改为深灰色，激活透视图按F4键使其显示线框，如图5-49所示。

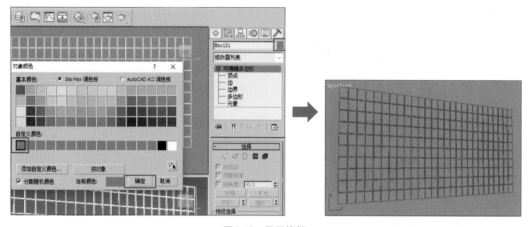

图5-49 显示线框

在修改器列表中为物体添加一个"UVW贴图添加"坐标修改器，保持修改器的默认设置，添加这个修改器是为了在每个LED小面上单独出现想要的贴图，如图5-50所示。

在修改器列表中添加"按元素分配材质"修改器，这时，LED上贴图和透明部分各占50%。这时按元素分配材质默认参数完成的结果，如图5-51所示。

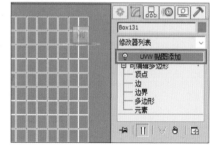

图5-50 UVW 贴图添加

上篇：动画基础篇
▶ Chapter 05 材质与修改器动画

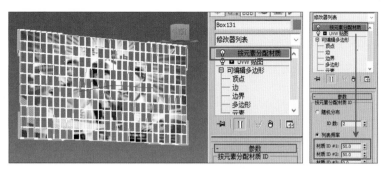

图5-51 按元素分配材质

下面只需将材质ID1和材质ID2做一个修改器动画就能够实现LED贴图渐渐出现的效果。先将材质ID1和材质ID2的比例都改为100%，如图5-52所示。

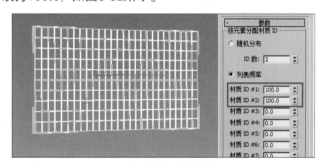

图5-52 修改比例

打开自动关键帧记录按钮，将时间滑块移动到第60帧，将材质ID1的比例改为0，如图5-53所示。

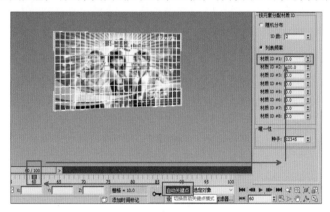

图5-53 设置第60帧

播放动画，材质贴图按元素随机渐渐出现的效果完成，如图5-54所示。

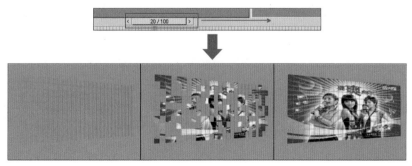

图5-54 效果完成

配合按元素分配材质的更多ID通道，能够实现各种贴图随机变换的材质动画效果，如图5-55所示。

通过将材质ID3和材质ID4通道放入其他贴图，使用按材质分配贴图比例动画设置，可以轻松实现LED效果在多张贴图中的切换，如图5-56所示。

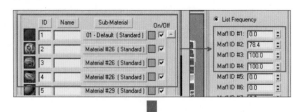

图5-55 ID通道

图5-56 切换效果

在进行多张贴图材质ID比例动画设置时，需要对ID2和ID3设置静止的关键帧（贴图画面百分比保留不变），否则，ID2和ID3的百分比会自动从第0帧开始动画。静止关键帧设置方法是：自动关键帧记录开启后，按住Shift键，右键单击参数右侧滑块完成，如图5-57所示。

按元素分配材质变化效果一如下。

配合按体积选择物体命令，按元素分配材质还能变换出下面的效果，如图5-58所示。

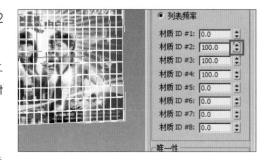

图5-57 设置静止关键帧

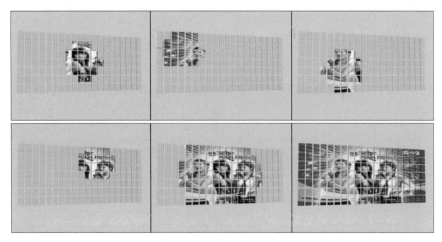

图5-58 其他效果

知识点一：体积选择。

这里使用了一个圆柱体作为体积选择的物体，来选择LED上的表面，选中的表面给它分配材质ID2。

图5-59为按"体积选择"物体的主要参数，选择级别是"面"，选择方式是"网格对象"中的圆柱体。

图5-59　主要参数

知识点二：按体积选择的圆柱体哪里去了？为什么不会被渲染呢？

首先在视图中单击右键，在快捷菜单中选择"全部取消隐藏"（Unhide All）命令，发现圆柱体显示出来了，如图5-60所示。

图5-60　显示圆柱体

为什么圆柱体显示为方框，而且不能被渲染？在圆柱体上右键单击就能找到答案，这是由于选中了"显示为外框"复选框和取消了"可渲染"复选框的选择，如图5-61所示。

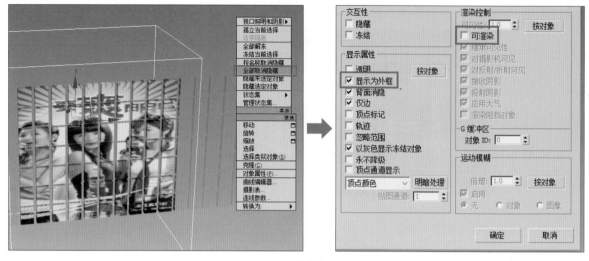

图5-61　参数设置

圆柱体在没有改变属性以前是这样一个结果，它会严重阻碍我们工作的视线，如图5-62所示。

贴图显示的动画其实是按体积选择物体的动画，如图5-63所示。圆柱物体做了随机的移动动画和最后的半径变大的动画。体积选择的物体可以是其他任意形状的三维形体，形状的多样性决定了它能完成更多的动画效果。

按元素分配材质变化效果二如下。

换成长方体作为体积选择物体，能够完成如图5-64所示的动画效果。

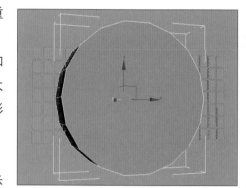

图5-62　阻碍视线

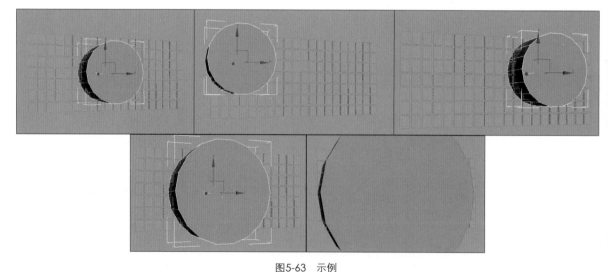

图5-63　示例

主要是增加了"波浪"（Wave）和"融化"效果的使用，详细内容参考配套资源文件夹中的材质动画案例文件，如图5-65所示。

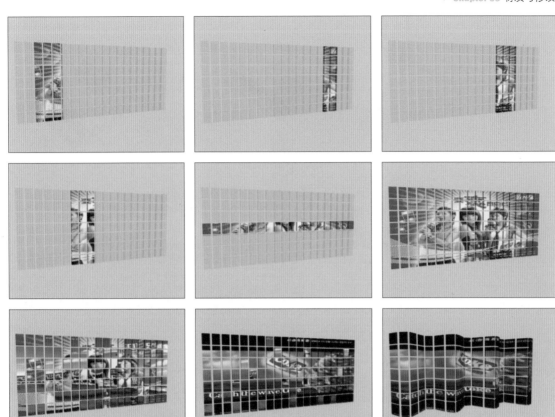

图5-64　动画效果

图5-65　示例

5.2.2　渐变贴图材质动画

渐变贴图材质动画能够模拟出材质渐渐出现的效果，如打印机在一张白纸上一行行逐渐打印出彩色的图片，物体从自己的一个角落开始渐渐显示出来。这些动画效果都可以通过渐变贴图材质动画来实现。

下面完成一个模拟彩色打印机渐渐打印出画面的动画效果，如图5-66所示。

在顶视图创建一个"Plane"，将其"长度分段"数设置为33（30左右即可），有段数纸张才能弯曲，如图5-67所示。

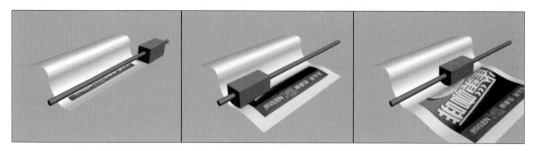

图5-66　动画效果

在左视图创建二维曲线，用它来完成打印机打印的路径，如图5-68所示。

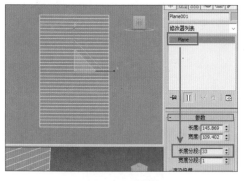

图5-67　创建平面

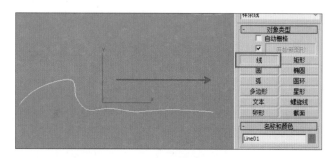

图5-68　打印路径

选择平面物体，为其添加"路径变形（WSM）"修改器，如图5-69所示。

选择路径变形中的"拾取路径"按钮，单击刚才绘制的二维路径变形曲线，再单击"转到路径"按钮，让平面移动到路径上，调整适当的轴向和平面物体旋转值使其正面朝上，百分比值可以决定平面物体在路径上的位置，如图5-70所示。

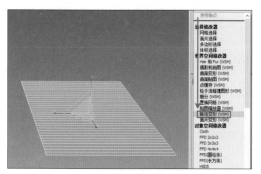

图5-69　路径变形（WSM）修改器

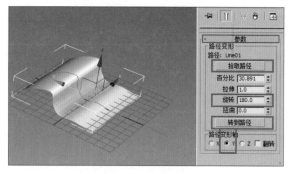

图5-70　设置参数

不同百分比下的纸张路径变形的位置情况，如图5-71所示。

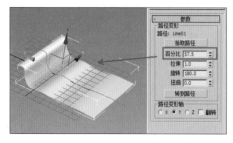

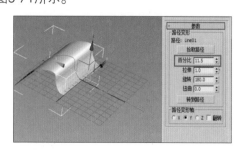

图5-71　不同百分比下的位置

将纸张位置调整到适当位置后，打开自动关键帧按钮，把关键帧移动到第6帧，将百分比路径设置为动画，让其模拟打印机向前移动，注意把握打印机纸张移动的速度，如图5-72所示。

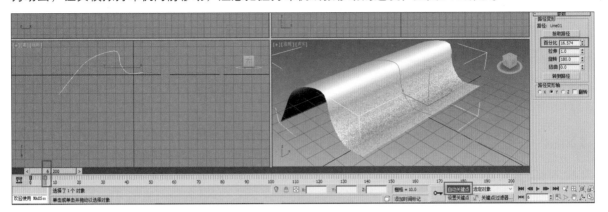

图5-72　模拟打印机向前移动

选择平面物体，进入"曲线编辑器"，在动画控制区选择"沿路径百分比"，单击"越界曲线"编辑按钮，将其属性改为"相对重复"，让打印纸张能够连续向外完成出纸动作，如图5-73所示。

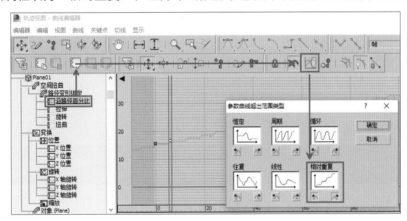

图5-73　曲线编辑器

出纸动画模拟完成后，接下来使用"长方体"和"圆柱体"简单做出喷墨打印机应有的墨盒和滑杆，如图5-74所示。

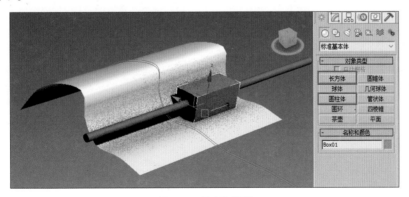

图5-74　墨盒和滑杆

打开自动关键帧记录按钮，为打印机墨盒完成沿X轴的平移随机动画，模拟打印机墨盒正在工作的效果，如图5-75所示。

选择墨盒长方体，进入"曲线编辑器"，在动画控制区选择"X位置"，将其越界曲线编辑更改为"往复"类型，使其能够反复移动，如图5-76所示。

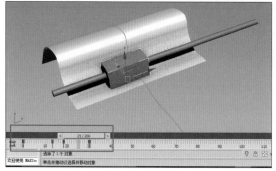

图5-75　模拟效果　　　　　　　　　　　　图5-76　往复类型

在左视图上选择平面物体和路径变形的曲线，按住Shift键将其向右上方复制一份，如图5-77所示。这一次复制是为了完成白纸上面应该需要打印出来的彩色内容。

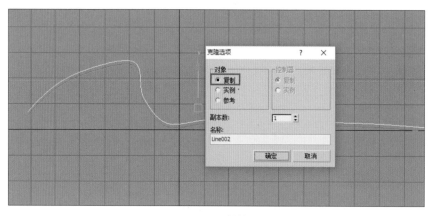

图5-77　复制

选择复制出来的平面，将其颜色改变，再进入修改面板，将它的长度改短一些，模拟纸张上面打印的部分，如图5-78所示。

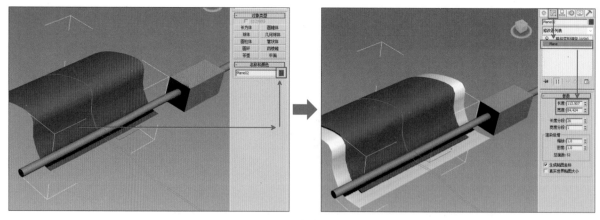

图5-78　打印部分

下面完成材质渐渐出现的动画效果。

为打印内容部分贴一张位图，如图5-79所示。

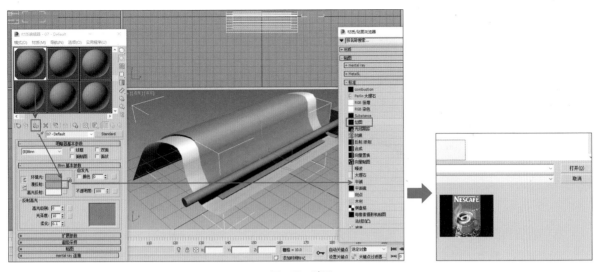

图5-79　贴图

单击"显示贴图"按钮，如图5-80所示。

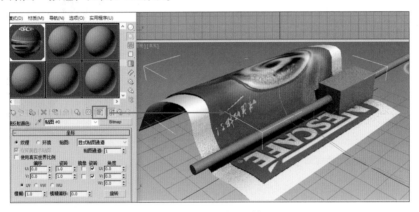

图5-80　"显示贴图"按钮

返回材质上一级，在不透明度通道选择"渐变坡度"贴图类型，如图5-81所示。

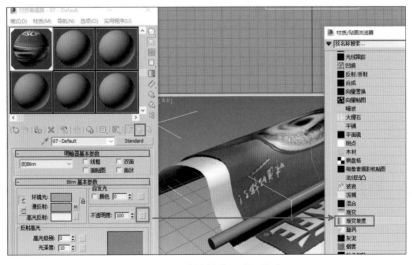

图5-81　"渐变坡度"贴图类型

单击"显示贴图"按钮显示渐变贴图，渲染场景后发现渐变白色部分能够保存贴图，黑色部分将会透明，如图5-82所示。

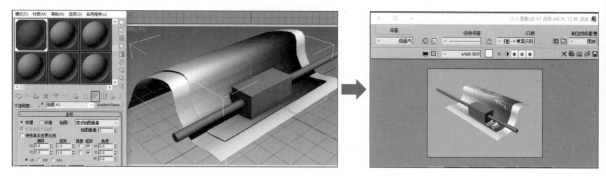

图5-82　渐变

对贴图的角度进行旋转，使白色部分在画面的前端，如图5-83所示。

添加渐变控制点，对渐变控制点位置和颜色进行调整，使其黑白分明，如图5-84所示。

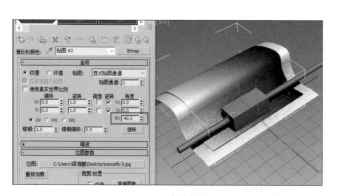

图5-83　旋转渐变

图5-84　调整控制点

对画面进行测试渲染，已经初步达到需要的效果，如图5-85所示。

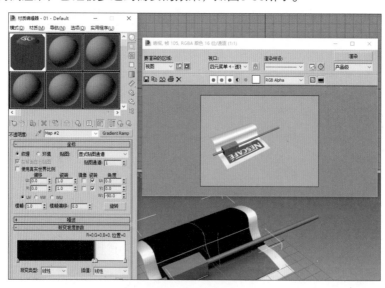

图5-85　效果

下面只需要对渐变黑白节点进行动画设置就能模拟出打印机逐渐打印出广告画面的效果了。

将自动关键帧动画记录按钮打开，时间滑块移动到最后一帧，将两个渐变节点移动到相应的位置，如图5-86所示。

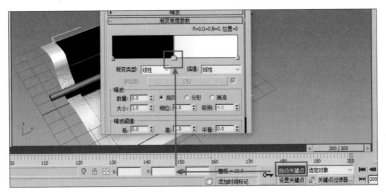

图5-86 渐变控制点的位置

播放动画时，发现节点的移动不是匀速进行的，可以将"曲线编辑器"打开，选择相应的关键帧节点动画关键帧，将其关键帧类型改为直线类型，如图5-87所示。

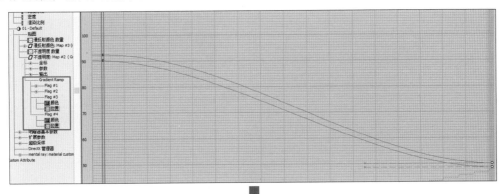

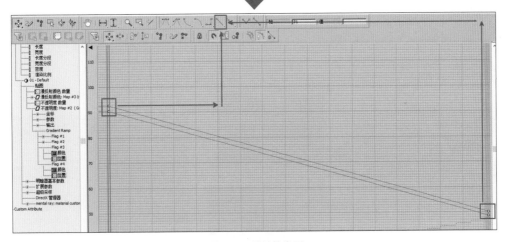

图5-87 关键帧类型

对动画进行测试渲染，渐变模拟打印机喷墨打印效果完成，如图5-88所示。

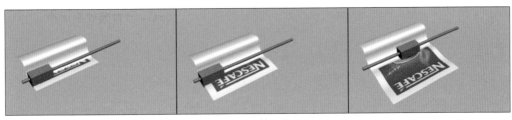

图5-88 效果完成

5.2.3 地球仪变苹果

下面完成一个地球仪旋转后变成苹果的动画效果，如图5-89所示。

图5-89 动画效果

创建一个"球体"，并为其制定一个"混合"贴图，如图5-90所示。

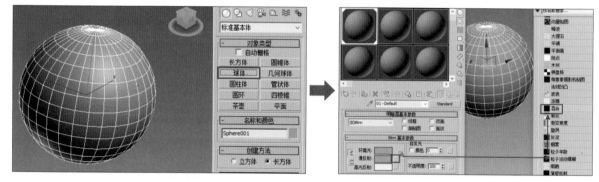

图5-90 球体

在颜色1和颜色2上分别贴上地球贴图和苹果皮贴图，如图5-91所示。

先为混合材质完成材质贴图向贴图转变的动画。打开自动关键帧按钮，将时间移动到第30帧，在混合量选项滑块上按Shift键+右键单击，创建静止的关键帧，如图5-92所示。

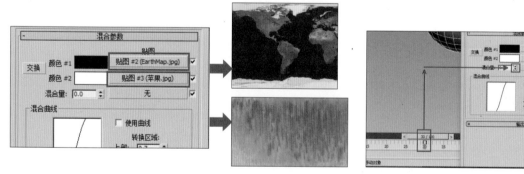

图5-91 贴图　　　　　　　　　　　　　　图5-92 贴图改变

将时间滑块移动到第79帧，将混合量数值改为100。就是贴图由第30帧的地球贴图改为第79帧的苹果贴图，如图5-93所示。

材质动画完成，下面为球体增加外形变化的动画效果。

为球体添加"FFD（圆柱体）"和"Taper"修改器，如图5-94所示。

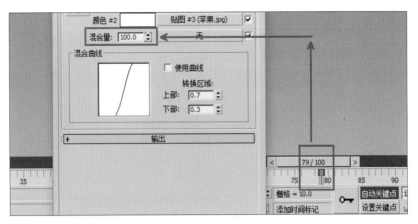

图5-93 贴图改变

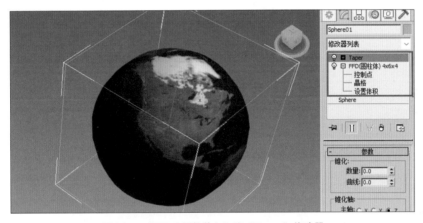

图5-94 "FFD（圆柱体）"和"Taper"修改器

进入FFD的"控制点"子物体级别，在前视图选择球体中间的控制点，打开自动关键帧记录，使用"缩放"工具对其进行垂直缩放，如图5-95所示。

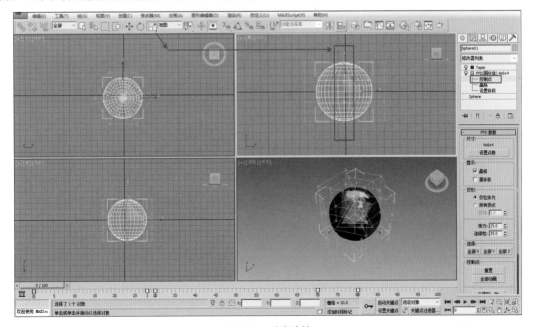

图5-95 垂直缩放

将第0帧产生的自动关键帧移动到第29帧，如图5-96所示。

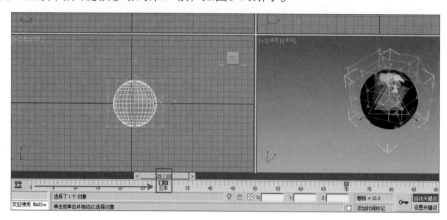

图5-96　关键帧移动

将时间滑块移动到第30帧，将Taper在第30帧按住Shift键，并单击"数量"创建静止的关键帧，如图5-97所示。

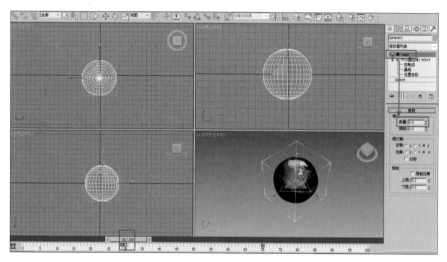

图5-97　创建静止关键帧

将动画滑块移动到第70帧，将Taper"数量"调整为0.33，苹果造型出现，如图5-98所示。

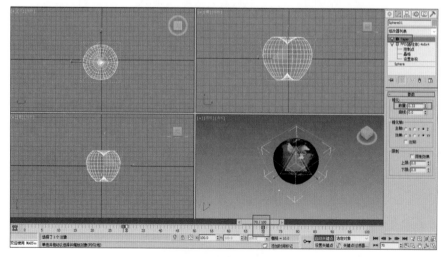

图5-98　苹果造型出现

材质和外形动画完成，为了增强动画效果，为其在第0帧到第80帧添加一个水平旋转动画，如图5-99所示。

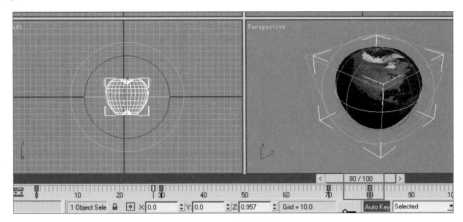

图5-99　水平旋转

对场景的关键帧进行测试渲染，地球仪变换苹果动画完成，如图5-100所示。

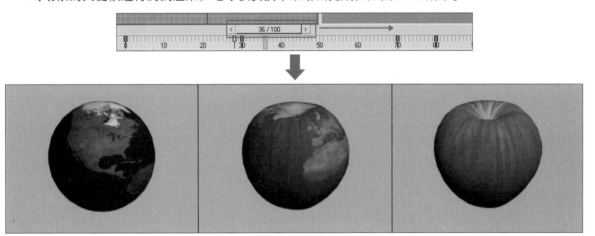

图5-100　效果完成

思考题

1．贴图向贴图转变动画的工作流程是什么？

2．材质动画背景是怎样实现的？

3．简述按元素分配材质的工作流程。体积选择在材质动画中的作用是什么？

4．简述打印机喷墨动画制作流程和思路。

5．物体参数静止关键帧设置是如何完成的？

Chapter

06

粒子系统

本章重点

- 了解粒子系统的主要参数和制作思路。
- 了解暴风雪粒子系统的功能与运用。
- 掌握粒子阵列、粒子云的使用技巧。

学习目的

3ds MAX粒子系统主要用于各种动画特效模拟任务，如创建暴风雪、水流或爆炸。3ds MAX 提供了两种不同类型的粒子系统：事件驱动和非事件驱动。事件驱动粒子系统又称为粒子流，它测试粒子属性，并根据测试结果将其发送给不同的事件。粒子位于事件中时，每个事件都指定粒子的不同属性和行为。在非事件驱动粒子系统中，粒子通常在动画过程中显示一致的属性。

6.1 非事件驱动粒子系统

非事件驱动的粒子系统是早期粒子系统的主要组成部分。如图6-1所示，红色部分为事件驱动形粒子系统，蓝色部分为非事件驱动粒子系统。

通常情况下，对于简单动画，如下雪或喷泉，使用非事件驱动粒子系统进行设置要更为快捷和简便。对于较复杂的动画，如随时间生成不同类型粒子的爆炸（碎片、火焰和烟雾），使用"粒子流源"可以获得最大的灵活性和可控性。

非事件驱动的粒子系统为随时间生成粒子提供了相对简单直接的方法，以便模拟雪、雨、尘埃等效果。主要在动画特效中使用粒子系统。3ds MAX提供了6个内置非事件驱动粒子系统：喷射、雪、超级喷射、暴风雪、粒子阵列和粒子云。

6.1.1 喷射粒子系统

喷射粒子系统是参数最少的粒子系统，代表了粒子系统最基础的参数特征，喷射一般用于模拟雨、喷泉、公园水龙头带的喷水等水滴效果。

在创建三维形体的列表中选择"粒子系统"，"喷射"就是最简单的粒子系统。下面对它进行介绍，如图6-2所示。

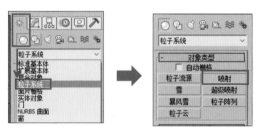

图6-1 粒子系统　　　　　　　　　　　　　　　图6-2 喷射

单击"喷射"项，在顶视图上可以画出喷射平面的大小。喷射粒子发射器完成后，播放动画，可以看到默认的粒子发射效果，如图6-3所示。

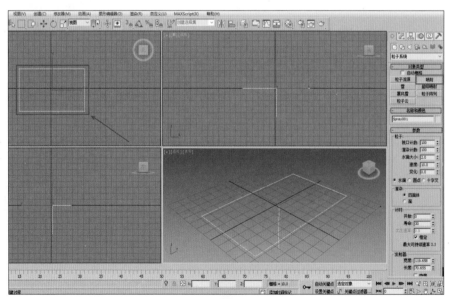

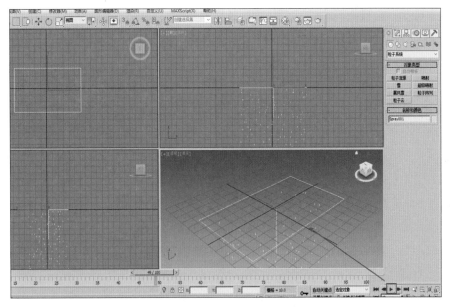

图6-3　画出喷射平面

下面对其主要参数进行学习，如图6-4所示。

① 视口计数：视图窗口中显示粒子数量的多少。不管真正粒子有多少，视口计数决定了在视图窗口中粒子的显示数量，这个参数是为了加快粒子显示速度而设计的。

② 渲染计数：最终渲染时，真正粒子数量的多少。如果这个值是1000，不管显示粒子是多少，最终都会渲染出1000个粒子。

③ 水滴大小：单个粒子的尺寸大小。

④ 速度：粒子发射时的速度。

⑤ 变化：粒子发射方向和速度的变化值。增大这个值后，粒子会边发射边散开。

⑥ 水滴、圆点、十字叉：粒子在视图中显示的形状，不代表渲染时的真正形状，如图6-5所示。

图6-4　参数

图6-5　水滴、圆点、十字叉

⑦ 四面体、面：粒子渲染时真正的形状。不管显示形状是上面哪一种，渲染形状都只能是四面体或面。四面体又可以叫三棱锥，由四个面组成。面是一个正方形平面，永远与渲染平面平行，如图6-6所示。

⑧ 开始：粒子发射开始时间（帧），可以从负数开始。

⑨ 寿命：粒子存活的时间（帧）。默认粒子存活30帧。

⑩ 发射器：其中的长/宽尺寸和是否隐藏反射器平面物体。通过对发射器长/宽尺寸的修改，粒子可以从一个点、一条线或一个面进行发射，如图6-7所示。

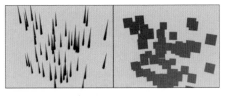

图6-6　四面体、面

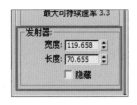

图6-7　发射器设置

下面通过"喷射"来模拟下雨和喷泉的效果。

案例一：模拟下雨效果。在顶视图创建一个"喷射"粒子发射器，将粒子形状保持"四面体"，如图6-8所示。

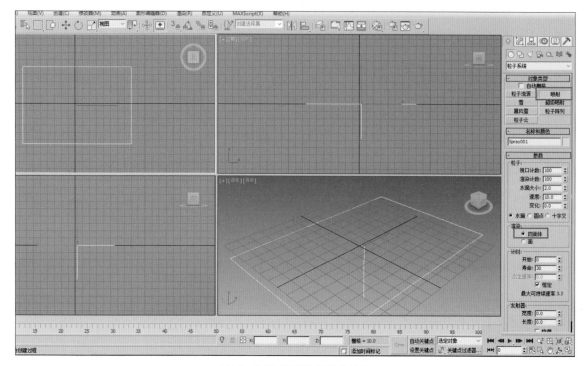

图6-8　创建"喷射"粒子发射器

将透视图调整到适当的角度，单击"播放"动画按钮，查看粒子下落的速度是否符合动画要求，如不符合动画要求，可对其"速度"、"变化"参数进行修改，如图6-9所示。

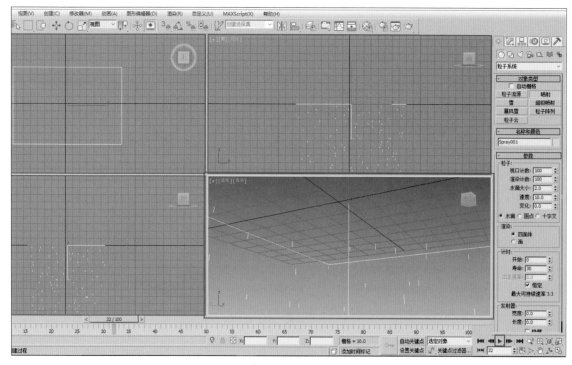

图6-9　播放动画

打开材质编辑器，将一个空白材质赋予粒子物体，将材质改为白色自发光材质，如图6-10所示。

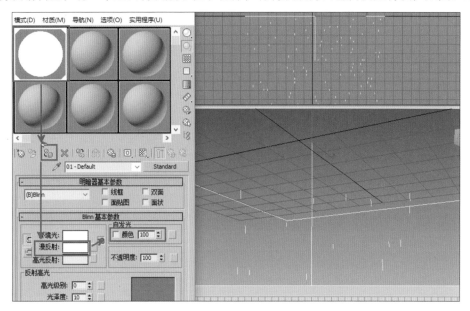

图6-10　赋予材质

播放动画，在某一帧对场景进行测试渲染，可以适当调整水滴的大小，如图6-11所示。这时雨滴出现，但缺少下雨时的运动模糊效果。

为雨滴增加运动模糊的效果，选择喷射粒子系统，右键选择"对象属性"进入对象属性调节面板，将粒子的运动模糊开启为"图像"模式，"倍增"调整为8.6左右，如图6-12所示。

图6-11　渲染

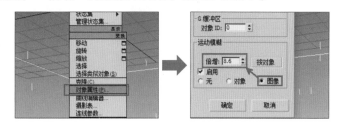

图6-12　参数设置

再次渲染完成后，粒子下雨模糊拖尾的感觉完成，在工作中可以将下雨动画渲染输出，然后在如After Effects的后期软件中合成到动画特效中去，如图6-13所示。

案例二：喷射模拟喷泉的效果，如图6-14所示。

图6-13　再次渲染

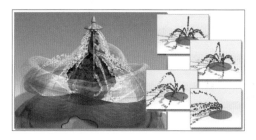

图6-14　喷泉效果

在顶视图创建粒子发射器。由于设计的粒子喷泉是由下往上喷射，所以对创建的发射器进行镜像操作，使其向上喷射，如图6-15所示。

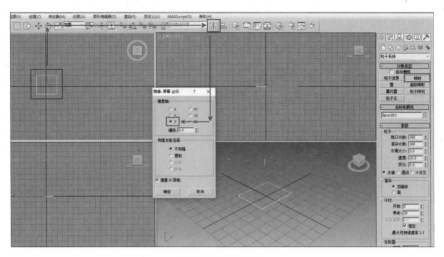

图6-15　向上喷射

播放粒子后发现粒子发射器太大，粒子不够散开。将粒子发射器尺寸改小，方向变化进行修改，使粒子散开，如图6-16所示。

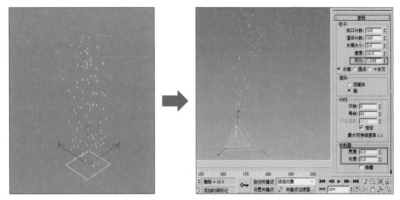

图6-16　粒子散开

为了模拟重力效果，在喷泉物体旁边创建空间扭曲物体中的"重力"，使用工具栏中的"将空间扭曲物体绑定到物体上"工具，将重力绑定到粒子系统上，粒子受重力的影响明显变小，如图6-17所示。

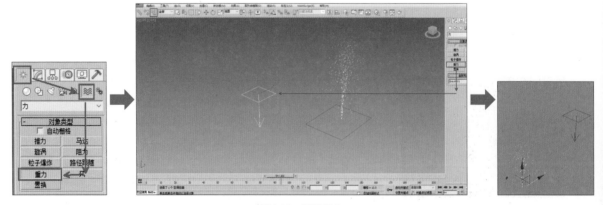

图6-17　模拟重力

调节粒子的"速度"、"寿命"、"视口计数"、"渲染计数"等参数使其达到一个较好的喷泉喷出的动画效果，如图6-18所示。

在粒子底部创建一个"球体"，下面需要完成其他4个喷泉喷到球体上的动画，如图6-19所示。

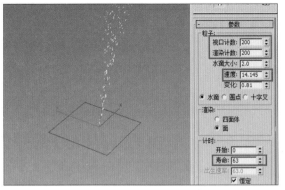

图6-18　调节参数　　　　　　　　　　　　　图6-19　创建球体

按住Shift键，移动复制出原始的粒子发射器，并将其旋转，调整其"速度"与"寿命"参数，如图6-20所示。这时发现粒子穿透了球体，与设想的弹射水花不符。

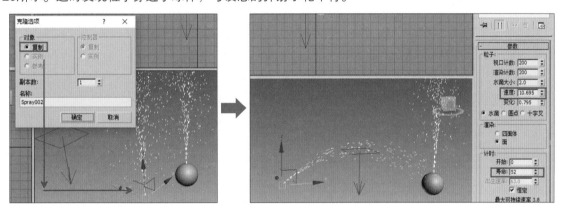

图6-20　复制粒子发射器

粒子遇到物体后的反弹需要挡板物体来帮助实现。

在创建命令面板选择空间扭曲物体，在下拉菜单中选择挡板"导向器"，创建一个和球体大小类似的球形挡板，使之与球体对齐，如图6-21所示。

使用绑定到空间扭曲物体命令，将倾斜发射的粒子系统绑定到球形的反射球上，如图6-22所示。

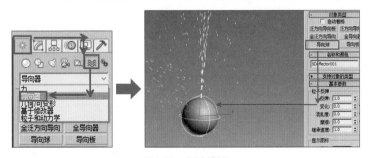

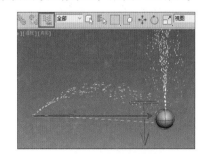

图6-21　创建挡板　　　　　　　　　　　　　图6-22　绑定

绑定正确的结果是粒子会自动散开（绑定到空间扭曲物体的操作是没有选择顺序要求的，可以选择空间扭曲物体绑定到粒子上，也可以选择粒子绑定到空间扭曲物体上），选择导向球体，通过修改其"反弹"值达到更加真实的模拟水花四溅的效果，如图6-23所示。

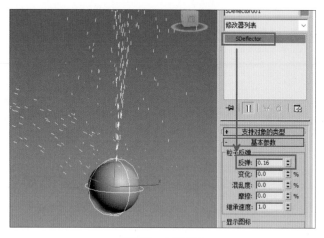

图6-23　水花四溅

对倾斜发射的粒子进行"镜像复制"和"旋转复制"，达到4个一起向球体发射的效果，如图6-24所示。播放动画，模拟喷泉动画效果完成。

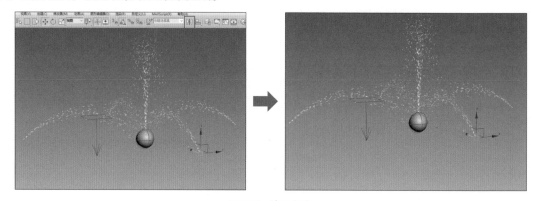

图6-24　效果完成

6.1.2　雪粒子系统

雪和喷射参数非常相似，只是比喷射多了粒子翻滚功能和六角形、三角形渲染形状。如图6-25所示，翻滚功能是模拟粒子自旋翻滚效果。

下面通过模拟下雪和五彩粒子介绍雪的用法。

案例一：下雪效果模拟。

首先，按数字键8进入"环境和效果"面板，在"环境贴图"上设置一张静态的雪景照片，如图6-26所示。

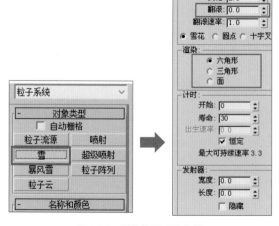

图6-25　雪的粒子系统参数

图6-26 设置环境贴图

　　创建"雪"的粒子物体，并将透视图旋转移动到合适的位置上，如图6-27所示。

　　修改粒子的形状为平面的形状，如图6-28所示。

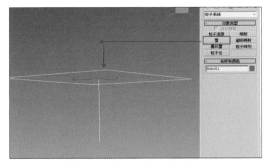

图6-27 创建"雪"的粒子物体

图6-28 设置平面形状

　　打开材质编辑器，将一个材质赋予粒子系统，更改材质颜色为白色，100%自发光，如图6-29所示。

　　在贴图的"不透明度"通道中贴入"渐变"贴图，渐变的类型由"线性"改为"径向"，如图6-30所示。

　　对场景进行模拟测试渲染，下雪效果完成，如图6-31所示。

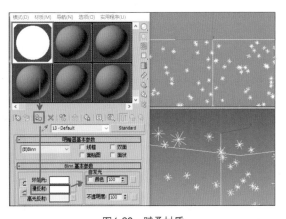

图6-29 赋予材质

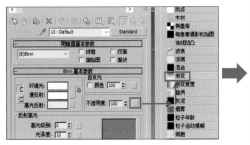

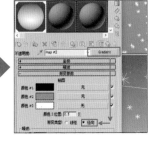

图6-30 改变为射线形　　　　　　　　　图6-31 完成效果

案例二：五彩粒子。

动画创作中，有时为了模拟节日气氛，要求完成五彩斑斓的五彩粒子效果，下面介绍它的制作思路。

打开"环境和效果"面板，将背景改为银灰色，如图6-32所示。

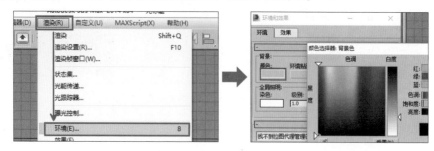

图6-32　更改背景颜色

在顶视图创建"雪"的发射器，如图6-33所示。

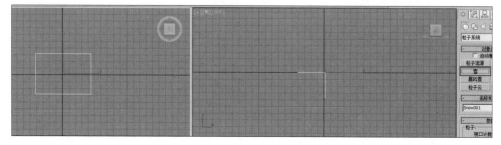

图6-33　创建"雪"的发射器

将粒子渲染类型改为"面"，赋予粒子一个材质并将材质类型由"Standard"改为"多维/子对象"材质类型，如图6-34所示。

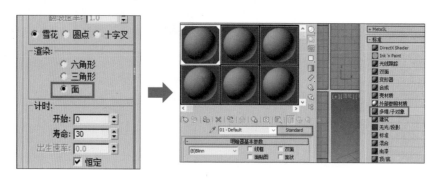

图6-34　材质类型

单击"设置数量"按钮，将"材质数量"改为5个，如图6-35所示。

进入ID1子材质，将其"颜色"设置为红色，"自发光"设置为100，"不透明度"贴图为渐变，将"渐变类型"改为径向，如图6-36所示。

图6-35　材质数量

同样的方法完成子物体ID2、ID3、ID4、ID5材质。比较简单的方法是将完成的ID1材质复制到ID2上松开鼠标，向下依次复制，然后分别更改漫反射颜色就可以了，如图6-37所示。

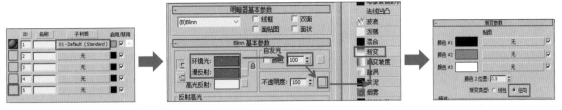

图6-36　参数设置

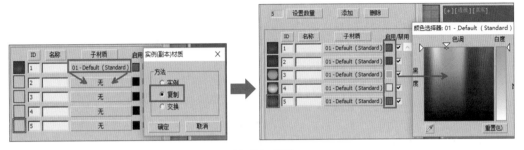

图6-37　复制

对场景进行渲染，五彩粒子效果完成，如图6-38所示。

6.1.3　暴风雪粒子系统

暴风雪粒子系统是对喷射雪景的增强，主要表现在能发射替身物体（任何形状的三维几何形体），具有粒子产卵繁殖功能，能够表现出更加复杂的粒子效果。当然暴风雪粒子系统的参数比较复杂，如图6-39所示。

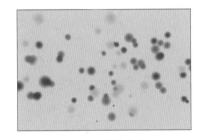

图6-38　效果完成

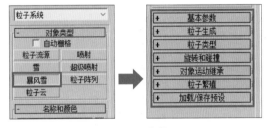

图6-39　参数

从上到下主要由以下七项组成：

基本参数、粒子生成、粒子类型、旋转和碰撞、对象运动继承、粒子繁殖、加载/保存预设。

（1）基本参数

暴风雪基本参数主要包括发射器"显示图标"大小和"视口显示"两个方面的信息，通常在使用替身粒子类型时需要显示真正的网格物体，显示比例默认是10%，如果需要看到最终粒子数量的话，建议改为100%（全部显示），如图6-40所示。

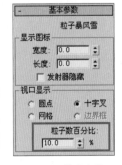

图6-40　基本参数

（2）粒子生成

粒子生成有两种方式："使用速率"和"使用总数"。"使用速率"是指每帧产生粒子数量；

"使用总数"是指粒子寿命周期内产生的粒子数量总和，如图6-41所示。

接下来比较重要的参数是粒子运动速度和速度的变化快慢值。

粒子发射开始时间和粒子发射停止时间：粒子发射开始时间可以是负值。

显示时限：默认值是100帧，就是说不管有多少粒子，寿命值是多少，它们的视图显示时限只能是100帧，100帧以后，视图上所有粒子都不再显示。通常需要将显示时限改为所做动画的时间总帧数。

寿命：粒子出生后到死亡的时间帧数。

变化：寿命的长短变化值。例如，粒子寿命值是30，变化值是5时，那么所有粒子中，寿命最长的是35帧，最短的是25帧。

粒子大小：有粒子大小、大小变化百分比数字、增长耗时和衰减耗时。

增长耗时：粒子出生后由很小到正常大小所耗费的时间帧数。例如，默认10帧，代表粒子需要10帧时间增长成正常大小。

衰减耗时：粒子衰减时所用的时间帧数。

（3）粒子类型

暴风雪提供如下三种主要的粒子类型。

标准粒子：由8种标准形体构成，如图6-42所示。

变形球粒子：类似于水滴，粒子之间有张力，能够自由融合。

实例几何体：任意几何体都能被当成替身，由粒子发射出来。

变形球粒子可以理解为模拟液态水的粒子效果，如图6-43所示。

图6-41　粒子生成

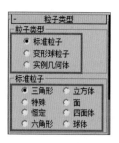

图6-42　标准粒子

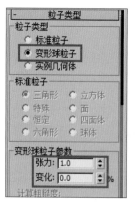

图6-43　变形球粒子

张力：确定有关粒子与其他粒子混合倾向的紧密度。张力越大，聚集越难，合并也越难。同样的变形球粒子在张力不同时的结果，如图6-44所示。

粒子的第三种类型是实例几何体，也是暴风雪粒子系统区别于喷射、雪景粒子的最大不同，可以使用拾取对象挑选其他几何形体作为粒子发射的对象。例如，挑选茶壶物体后，粒子能发射很多茶壶，如图6-45所示。

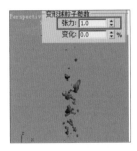

图6-44 张力不同时的效果

图6-45 发射茶壶

使用子树：如果选择的替身物体有子物体的话，可以将其子物体一起带入到粒子系统发射。

动画偏移关键点：指如果替身物体有动画的三种处理方法："无"表示不将动画引入粒子系统；"出生"表示每个粒子出生时，将替身动画同步引入；"随机"表示替身动画随机引入粒子系统。

粒子的类型中还有一个选项是粒子贴图材质来源，这里有两个选项：图标，粒子材质来源于粒子发射器图标；实例几何体，粒子材质来源于所使用的替身几何形体，如图6-46所示。

（4）旋转和碰撞

主要控制物体的旋转和碰撞，重要参数有"自旋时间"，默认为30帧，代表每个粒子用30帧时间自旋一周；"自旋轴控制"有两个参数：随机和用户定义，通过下面的X、Y、Z轴参数指定粒子沿哪个轴向自旋，如图6-47所示。

图6-46 材质来源

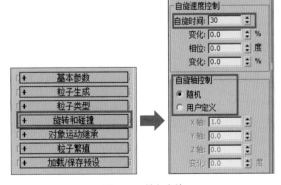

图6-47 轴向自旋

（5）对象运动继承

对象运动继承是指当发射器运动时，发射器的运动是否影响到粒子的运动轨迹。参数影响：100%。

代表影响全部粒子，50%代表影响50%的粒子。倍增：发射器运动对粒子运动影响的倍增值，值越大影响越大。变化：运动继承强弱的上下变化比例值，如图6-48所示。

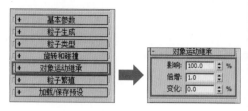

图6-48 对象运动继承

（6）粒子繁殖

粒子繁殖的参数比较多，下面介绍其主要参数，如图6-49所示。

产卵类型中默认值"无"是不产卵，常用的有消亡后繁殖和繁殖拖尾。

繁殖数：代表繁殖几代，1代表繁殖1代（次），3代表能繁殖3代（次）。

影响：100%代表100%的粒子都能繁殖，50%代表50%的粒子能够繁殖。

倍增：代表每个产卵的粒子繁殖几个粒子，例如，参数3代表每个产卵的粒子繁殖3个粒子。

变化：对产卵倍增值的变化参数。

方向混乱度：粒子产卵后发射方向的改变程度，100%代表方向100%发生改变。

速度混乱度：能够单独调节影响变慢、变快、同时具备变快或变慢三种速度变化的影响量。

缩放混乱度：和速度混乱相似，也具有向下、向上、二者三个选项。

寿命值与变形列队：粒子产卵后的子粒子寿命列表与变形列队。可以在寿命中输入子粒子寿命值（如15代表子粒子成活15帧），单击添加按钮，添加到列表中，如图6-50所示。

（7）加载/保存预设

对完成的粒子效果进行加载、保存或删除，如图6-51所示。

图6-49 粒子繁殖

图6-50 寿命值与变形队列

图6-51 加载/保存预设

暴风雪粒子系统参数很多，下面通过几个案例对其工作流程和参数功能进行深入学习。

暴风雪粒子案例一：下雨涟漪效果

模拟下雨时，雨滴滴到水面，涟漪慢慢散开的效果。可以打开配套资源文件夹中的动画源文件查看效果，如图6-52所示。

图6-52　效果

通过动画分析，下雨涟漪粒子效果由两种粒子构成，下落的雨滴和涟漪效果，如图6-53所示。雨滴很简单，由基本三维几何形体中的金字塔物体作为替身引入暴风雪粒子系统，水滴涟漪由管状体参数动画、显隐动画制作而成。

下面介绍涟漪替身的制作流程。

创建一个"管状体"，将自动关键帧动画打开，将时间滑块移动到第20帧，将涟漪管状图"半径"参数调大，涟漪变细，如图6-54所示。

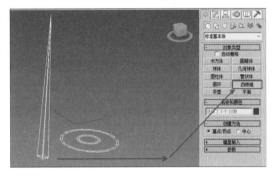

图6-53　动画分析

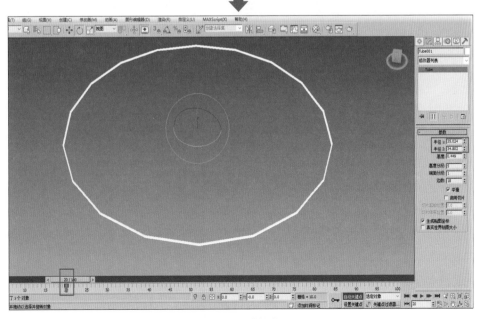

图6-54　管状体

保持物体选择，进入曲线编辑器，为其增加"可见性轨迹"，在第10帧到第20帧添加"可见性"轨迹关键帧，如图6-55所示。

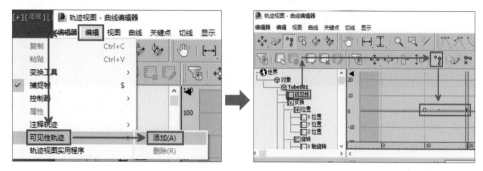

图6-55 添加"可见性"轨迹关键帧

将第20帧的可见性轨迹参数改为0，代表涟漪从第10帧到第20帧逐渐消失，如图6-56所示。

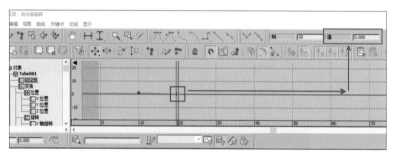

图6-56 更改参数

对涟漪物体按住Shift键并单击鼠标，进行原地复制，选择任何一个，选择其时间线上的关键帧并向后移动时帧，如图6-57所示。

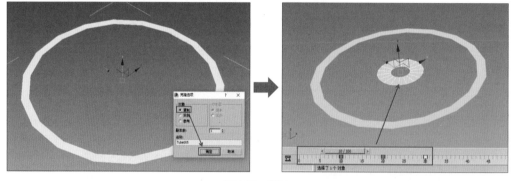

图6-57 复制

将内圈的涟漪管状体链接到外圈上，如图6-58所示。两个粒子发射替身形体完成。

创建暴风雪粒子发射器，将粒子的显示"网格"设置为100%显示。粒子类型改为"实例几何体"，选择提前做好的金字塔雨滴替身物体，将"自旋时间"改为0帧（0帧代表没有自旋），如图6-59所示。粒子增长耗时和衰减耗时设置为0，粒子大小和速度根据画面需要适当调整。

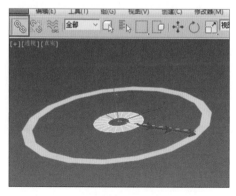

图6-58 链接

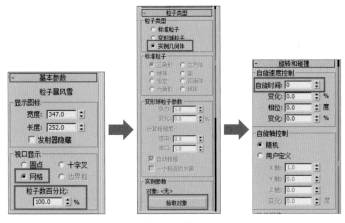

图6-59　参数设置

在前视图上根据粒子死亡时间，将粒子发射器垂直向下复制到雨滴消亡的位置，如图6-60所示。

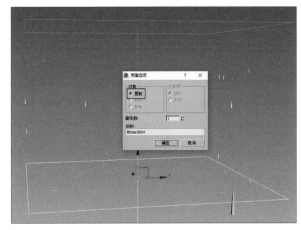

图6-60　复制

更改下面粒子发射器的替身为涟漪管状体中的父物体，选择"使用子树"和动画"出生"选项，如图6-61所示。

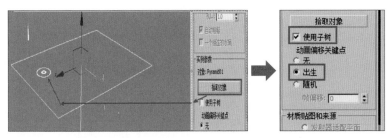

图6-61　父物体

播放动画，发现涟漪粒子也在向下移动，将其"速度"值改为0，如图6-62所示。

图6-62　速度值

现在出现一个问题，上面的雨滴还没有掉下来，下面的涟漪就开始展开了，如图6-63所示。这个问题需要通过修改涟漪的发射时间来解决。

在前视图查看最早雨滴消亡时间是在第25帧，选择将涟漪的"发射开始"时间和"发射停止"时间向后推移25帧，如图6-64所示。

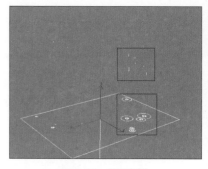

图6-63　时间出错

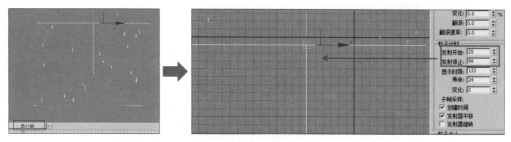

图6-64　时间推移

最后将粒子发射器平面隐藏，模拟下雨涟漪动画完成，如图6-65所示。

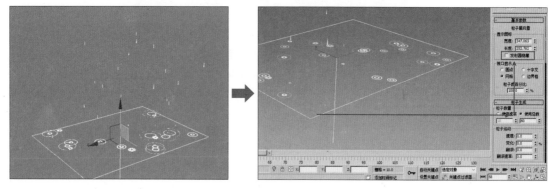

图6-65　动画完成

暴风雪粒子案例二：下落繁殖的方块

模拟片头动画中下落的方块效果，其中有些方块有星形的拖尾，如图6-66所示。

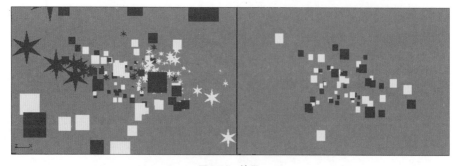

图6-66　效果

粒子由一个平面和一个挤出成形的星形组成，创建暴风雪粒子发射器，使用实例几何体，选择平面物体，如图6-67所示，将自旋时间改为0帧，增长耗时与衰减耗时改为0帧。

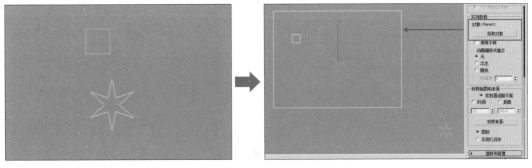

图6-67　创建暴风雪粒子系统

将粒子产卵改为"繁殖拖尾"，"影响"值为2%，代表只有一部分粒子能繁殖，方向有一些混乱度，繁殖粒子为星形，繁殖"寿命"50帧，如图6-68所示。

详细参数可参考配套资源文件夹中本节的源文件。

暴风雪粒子案例三：粒子繁殖A、B、C、D

本案例主要介绍粒子多次繁殖参数控制。有A、B、C、D 4个字母，动画要求首先发射1个A粒子物体，死亡后产出4个B粒子物体，4个B死亡后产出16个C粒子物体，16个C粒子物体产出64个D粒子物体，如图6-69所示。

图6-68　参数

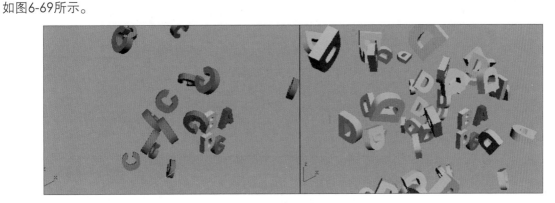

图6-69　繁殖

首先创建A、B、C、D 4个字母物体，创建粒子发射器，使其发射1个替身A物体，如图6-70所示。

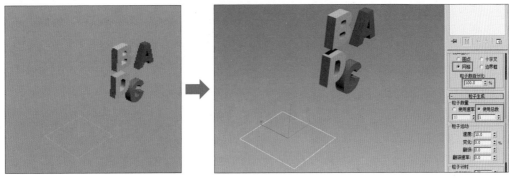

图6-70　发射A物体

将粒子改为"消亡后繁殖","繁殖数"为3次,每次繁殖"倍增"4个,方向"混乱度"为100%混乱,繁殖粒子年龄分别是20帧、20帧和80帧。粒子的替身有B、C和D几何形体,如图6-71所示。

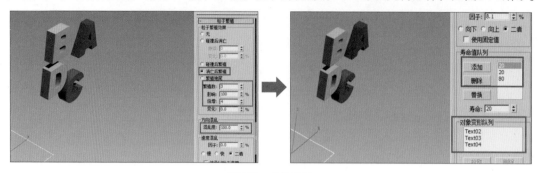

图6-71　参数设置

播放动画,A、B、C、D粒子繁殖动画完成,如图6-72所示。参数详见配套资源文件夹中的本节源文件。

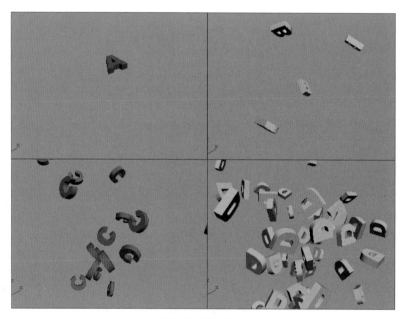

图6-72　动画完成

6.1.4　粒子阵列

以暴风雪粒子知识为基础,学习粒子阵列就能轻松很多,下面主要介绍粒子阵列的独特功能。

粒子阵列必须从某个三维几何形体上发射,可以在三维几何形体的点、边、面上自定义它的发射点,如图6-73所示。

在粒子类型中,粒子阵列增加了对象碎片粒子类型,这就说明它可以将自己随机破碎后模拟粒子发射出去,如图6-74所示。

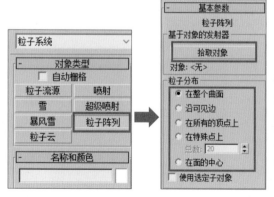

图6-73　粒子阵列参数

在使用对象碎片发射时，可以将所有的三角形面发射出去，或规定破碎面的数目，或根据平滑角度决定碎片效果，如图6-75所示。

增加了气泡运动参数。气泡运动提供了在水下气泡上升时所看到的摇摆效果。通常，将粒子设置在较窄的粒子流中上升时，会使用该效果。气泡运动与波形类似，气泡运动参数可以调整气泡波的振幅、周期和相位，如图6-76所示。

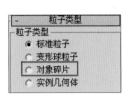

图6-74　对象碎片

图6-75　碎片设置

图6-76　气泡运动参数

其他参数都和暴风雪粒子相同，如果需要完成从物体表面发射粒子或需要产生发射体碎片时就可以使用粒子阵列。粒子阵列的破碎行为可参考配套资源文件夹中的本节源文件。

6.1.5　粒子云

如果希望使用粒子云填充特定的体积，可使用粒子云粒子系统。粒子云可以创建一群鸟、一片星空或一队在地面行军的士兵。

粒子云与前面学习过的喷射、雪、暴风雪、粒子阵列最大的区别是：粒子云能够在自己设定的体积内发射，不像前面学习的其他粒子，会沿某个方向按一定速度发射，如图6-77所示。

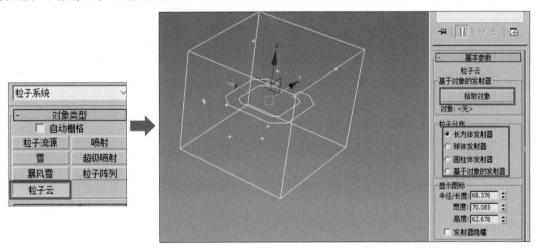

图6-77　粒子云

粒子云的其他参数与暴风雪、粒子阵列基本相同，下面通过案例来学习粒子云的使用方法。

粒子云案例一：随机旋转的十字架

粒子云发射一些立方体十字架，在自身体积内随机旋转后消失，如图6-78所示。

首先创建粒子的替身形体。创建一个立方体，右键将其转换为"可编辑多边形"，进入面的子物体级别，选择所有的面对其进行"挤出"，形成一个十字架立方体形状，如图6-79所示。

图6-78　十字架

图6-79　创建十字架

创建粒子云发射器。将视图显示改为"网格"，更改粒子"使用总数"和粒子运动"速度"，选择替身后选择十字立方形体，如图6-80所示。

将粒子"自旋时间"改为60帧左右，更改粒子发射时间，调整粒子"增长耗时"和"衰减耗时"，如图6-81所示。

粒子云案例二：粒子云开花

参考配套资源文件夹中本节源文件，模拟花朵开放，如图6-82所示。

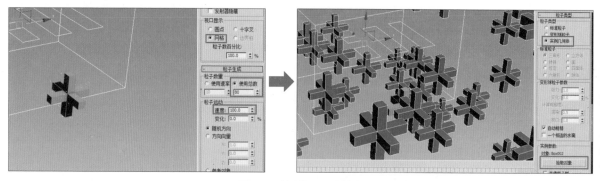

图6-80　创建粒子云发射器

图6-81　参数设置

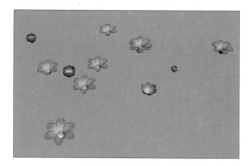

图6-82　效果

创建花朵开放的3个关键帧状态，使用变形修改器完成小花开放的变形动画，如图6-83所示。细节可参见本书配套资源文件夹中本节源文件。

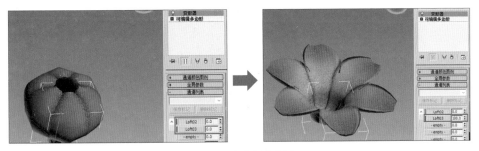

图6-83　完成变形动画

创建粒子云，选择动画花朵作为粒子发射的替身。选择"且使用子树"复选框并将替身动画时间调整到粒子"出生"时间，如图6-84所示。最后的效果如图6-85所示。

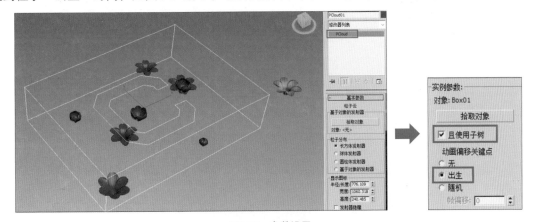

图6-84　参数设置

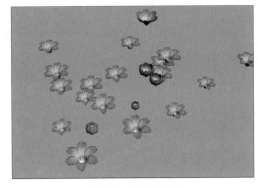

图6-85　最后的效果

6.1.6　超级喷射

超级喷射是喷射的增强版本，主要参数与暴风雪、粒子阵列、粒子云相似，所不同的是，超级喷射是以一个点为基点进行发射的，如图6-86所示。

超级喷射可以对发射方向数值进行修改，得到冲击波状粒子发射的效果，如图6-87所示。

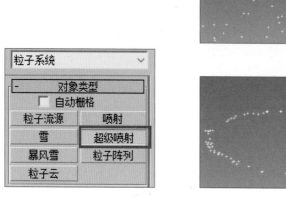

图6-86 超级喷射

图6-87 冲击波

超级喷射其他参数与暴风雪、粒子阵列、粒子云大致相同，如图6-88所示。读者可以通过配套资源文件夹中内容对本节粒子源文件分析学习。

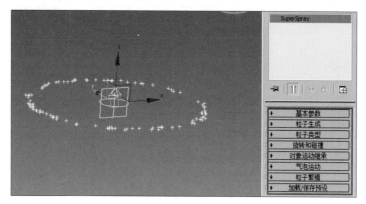

图6-88 参数

6.2 事件驱动粒子系统

粒子流源是一种多功能强大的3ds MAX粒子系统。它使用一种称为粒子视图的特殊对话框来使用事件驱动粒子形态。在粒子视图中，可将一定时期内描述粒子属性（如形状、速度、方向和旋转）的单独操作符合并到称为事件的组中。每个操作符都提供一组参数，其中多数参数可以设置动画，以更改事件发生期间的粒子行为。随着事件的发生，"粒子流"会不断地计算列表中的每个操作符，并相应更新粒子系统，如图6-89所示。

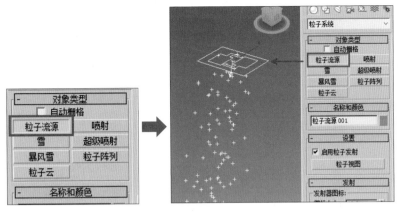

图6-89　粒子流源

要实现更多粒子属性和行为方面的实质性更改，可创建粒子流源。使用测试将粒子从一个事件发送至另一个事件，这可用于将事件以串联方式关联在一起。例如：测试可以检查粒子是否已通过特定年龄、移动速度以及其是否与导向器碰撞。通过测试的粒子会移动至下一事件，同时那些没有达到测试标准的粒子仍会保留在当前事件中，可能要经受其他测试。

粒子视图提供了用于创建和修改"粒子流源"中的粒子系统的主用户界面。主窗口（即事件显示）包含描述粒子系统的粒子视图。粒子系统包含一个或多个相互关联的事件，每个事件包含一个具有一个或多个操作符和测试的列表，操作符和测试统称为动作，如图6-90所示。

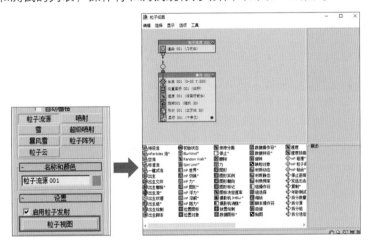

图6-90　粒子视图

操作符是粒子系统的基本元素：将操作符合并到事件中可指定在给定期间粒子的特性。操作符用于描述粒子速度和方向、形状、外观等。

操作符驻留在粒子视图仓库内的两个组中，并按字母顺序显示在每个组中。每个操作符的图标都有一个蓝色背景，但出生操作符例外，它具有绿色背景。第一个组包含直接影响粒子行为的操作符，如变换。第二个组位于仓库列表的结尾，其中包含提供多个工具功能的四个操作符：缓存，用于优化粒子系统播放；显示，用于确定粒子在视口中如何显示；注释，用于添加注释；渲染，用于指定渲染时间特性，如图6-91所示。

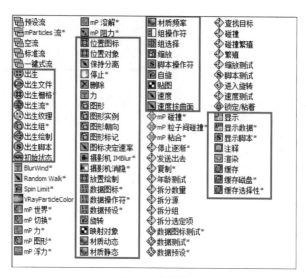

图6-91 操作符

粒子流源制作思路与构成和非事件驱动粒子系统有区别也有联系，读者可以借鉴案例进行学习。

思考题

1．暴风雪粒子系统的粒子类型有哪些？

2．非事件驱动粒子类型中，哪种粒子能够发射物体碎片？

3．主要粒子产卵参数有哪些？各自代表什么功能？

4．简述暴风雪粒子完成下雨涟漪效果的制作流程和思路。

5．粒子云是如何完成花朵开放效果的？

07 Chapter

3ds MAX动力学

本章重点

- 了解3ds MAX动力学功能简介与工作流程。
- 了解刚体、布料使用技巧。
- 掌握MassFX的基本运用方法。

学习目的

前面几章介绍了3ds MAX关键帧动画、曲线编辑动画、约束动画等动画制作知识，这些动画变现手段能够较好实现具有明显运动规律和顺序的动画效果。例如，完成汽车沿路径运动就能够通过路径约束动画实现。对于一些动画运动过程随机复杂、模拟自然界中重力影响下的物体的碰撞的动画效果，例如，一堵砖墙被推土车推到，砖块被撞倒凌乱一地。这种复杂、随机、偶然又很真实的动画效果，就很难通过关键帧、曲线编辑器和约束动画效果来实现。3ds MAX提供了另一套强有力的解决方案——动力学。

动力学系统主要用于复杂、随机、真实的动画表现。模拟真实物体碰撞、自然界重力影响下的物体运动动画特效任务，如爆炸、倒塌、物体碰撞、布料运动、绳索运动等特殊效果。如图7-1所示，这个球体撞倒大桥的动画用关键帧动画、曲线编辑动画、约束动画都很难模拟，而3ds MAX动力学却能轻松实现，如图7-1所示。

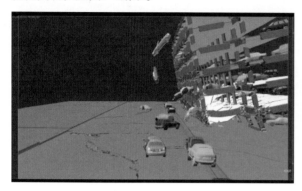

图7-1　电影中模拟楼房坍塌特效

7.1　动力学简介

3ds MAX动力学是非常有趣味的一个模块，通常用来制作一些真实的动画效果，如物体碰撞、跌落、布料运动、机械的运作等。3ds MAX动力学是根据真实的物理原理进行计算，因此会实现非常真实的模拟效果。新版本中MassFX动力学动画解决方案功能不断加强，操作简便，为仿真模拟动画开辟了新的应用领域，使之成为3ds MAX不可缺少的组成部分。

首先，对MassFX动力学在3ds MAX中的工作位置做以下介绍。如图7-2所示，在界面左上角主工具栏上右键单击并选择"MassFX工具栏"命令，调出浮动工具面板，在菜单栏有MassFX动力学菜单。

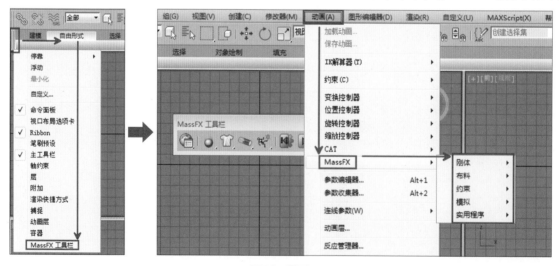

图7-2　界面

在视图工作区的任何位置按下Alt+Shift+鼠标右键，弹出MassFX动力学快捷菜单，里面包含MassFX动力学工具栏工具命令，如图7-3所示。

MassFX动力学动画制作过程一般包含以下几个工作流程。

① 场景模型搭建。动画是建立在合理的场景模型制作基础上的。

② 将参加MassFX动力学动画模拟的物体赋予不同的动力学属性，如动力学刚体、运动学刚体、静态刚体、布料等。场景中的物体有的是要参加动力学计算的，有的不需要参加，赋予运动学属性的物体才能参加动力学计算。

③ 指定参加运算的物体属性。参加运算的物体根据大小比例、模拟真实场景等要求，会有不同的物体属性（重量、弹力、摩擦力），这些物体属性最终决定动画计算的最终结果。

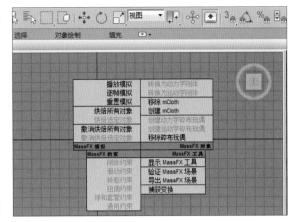

图7-3　快捷菜单

④ 进行动力学动画的预演。在正式生成动画以前，对动画效果进行预演，发现问题可及时修改，修改后再次预演，直到满意为止。

⑤ 设置MassFX动力学动画输出的时间范围。不管时间线有多长，默认动力学的输出范围是0~100帧，如果需要模拟的动画不在这个范围里，就需要修改。

⑥ 模拟烘焙正式动画输出。要渲染 MassFX 模拟的结果，或者如果要手动扭曲模拟的外表，则需要烘焙。烘焙可以创建动力学对象的标准关键帧动画，并将它们转换为运动学对象。

下面通过一个简单的动画实例来验证动力学工作流程。

（1）创建模型

假如需要模拟一个茶壶和几个长方体从高处跌落地面的动画效果。首先创建模型，创建一个长方体为地面物体，再创建一个茶壶和几个长方体，将其放置到动画模拟的开始位置，如图7-4所示。

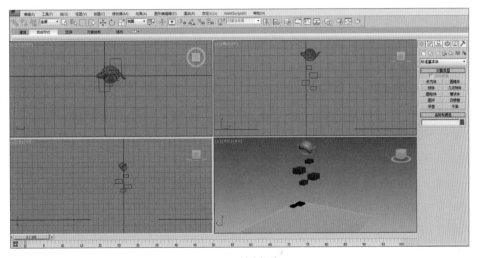

图7-4　创建物体

（2）赋予物体动力学属性

选择需要掉落的物体，长按MassFX浮动工具面板中的刚体按钮，在其下拉菜单中选择"将选定项设置为动力学刚体"。选择作为地面物体的长方体，长按MassFX浮动工具面板中的刚体按钮，在其下拉菜单中选择"将选定项设置为静态刚体"，如图7-5所示。

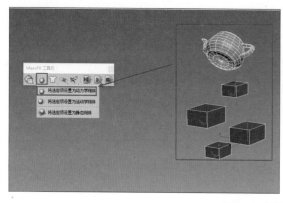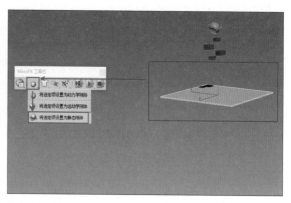

图7-5 赋予物体动力学属性

（3）设置属性

单击世界参数命令，弹出"MassFX工具栏"，在世界参数及多对象编辑器中修改其参数，实现对动画的调整，如图7-6所示。在这里，简单介绍一下常用的参数，如下所示。

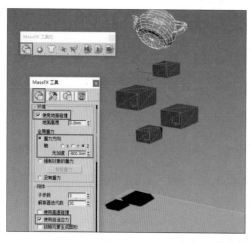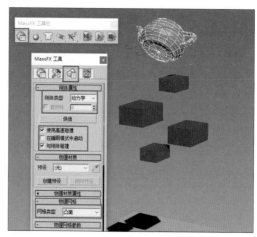

图7-6 指定参与运算的物体属性

① 使用地面碰撞：启用时，MassFX 使用地面高度级别的（不可见）无限、平面、静态刚体，即与主栅格平行或共面。此刚体的摩擦力和反弹力值为固定值，默认设置为启用。

② 轴：应用重力的全局轴。对于标准上/下重力，将"轴"设置为 Z，这是默认设置。

③ 无加速：加速度以单位/平方秒为单位指定的重力。使用 Z 轴时，正值使重力将对象向上拉，负值将对象向下拉（标准效果）。

④ 使用自适应力：启用时，MassFX会根据需要收缩组合防穿透力来减少堆叠和紧密聚合刚体中的抖动。

⑤ 刚体类型：所有选定刚体的模拟类型。可用选择包括"动力学"、"运动学"和"静态"。

⑥ 直到帧：启用后，MassFX 会在指定帧处将选定的运动学刚体转换为动力学刚体。

⑦ 在睡眠模式中启动：如果启用此选项，选定刚体将使用全局睡眠设置，以睡眠模式开始模拟。这意味着，在受到未处于睡眠状态的刚体的碰撞之前，物体不会移动。

⑧ 与刚体碰撞：如果启用（默认设置）此选项，选定的刚体将与场景中的其他刚体发生碰撞。

⑨ 密度：此刚体的密度，度量单位为g/cm³（克每立方厘米）。根据对象的体积，更改此值将自

动计算对象的正确质量。

⑩ 质量：此刚体的重量，度量单位为 kg（千克）。根据对象的体积，更改此值将自动更新对象的密度。

⑪ 网格类型：选定刚体物理图形的类型。可用类型为"球体"、"长方体"、"胶囊"、"凸面"、"凹面"、"原始"和"自定义"。"球体"、"长方体"和"自定义"是 MassFX 基本体，模拟速度比其他类型更快。为了获得最佳性能，请尽可能使用最简单的类型。通常，更改图形类型会生成选定类型的新物理图形，其大小会自动调整以适合图形网格。

（4）动画预演

属性设置完成后，单击开始模拟按钮，参加动力学解算的物体会开始解算运动，如图7-7所示。

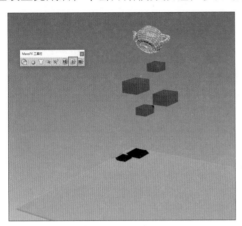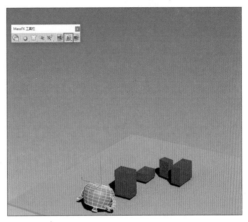

图7-7 动画预演

（5）设置动力学计算时间长度（帧数）

单击进入"时间配置"面板，将帧速率由NTSC格式修改为PAL格式，根据动画的长短设置动画的开始时间和结束时间，如图7-8所示。

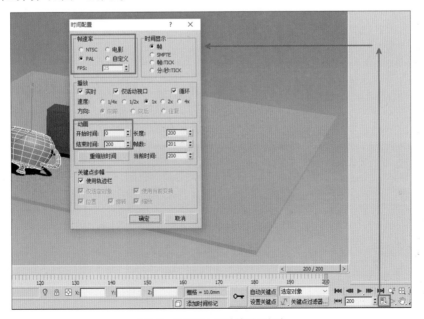

图7-8 设置动力学计算时间长度

（6）动画正式输出

使用模拟工具，选择"烘焙所有"选项对动力学进行解算，解算完成后可以播放动画效果，如图7-9所示。

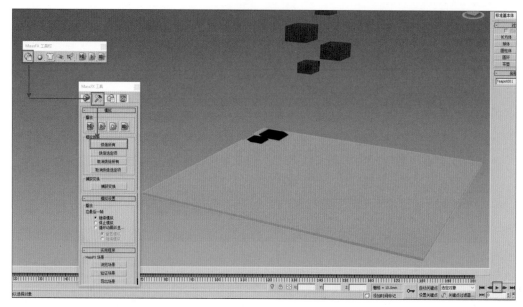

图7-9　动画正式输出

7.2　刚体

刚体是MassFX模拟的基本构建块。可以使用MassFX中的刚体，模拟其外形不会改变的任何真实对象（如钢笔或滚下山坡的巨石）。

可以使用 3ds MAX 场景中的任何几何体创建刚体。MassFX随后会让用户指定各个实体在模拟中所应该拥有的属性，如质量、摩擦，以及该实体是否可与其他刚体碰撞。还可以使用诸如转枢和弹簧之类的约束，限制刚体在模拟中可能出现的移动。

刚体是动力学物体中最常见的组成部分，自然界中有很多物体可以使用动力学中的刚体来模拟。只要是动力学计算中不变形或变形很小的物体都可以使用刚体来模拟，如砖块、木头、汽车等。

案例一：几何形体掉入储物盒

模拟几个几何形体自由落体运动掉入储物盒中，如图7-10所示。

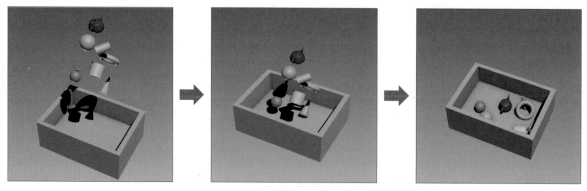

图7-10　几何体掉入储物盒

创建场景模型，几何形体由基本几何形体组成。储物盒由长方体转换为可编辑多边形，选择顶面后向内插入，向下挤出而成，如图7-11所示。

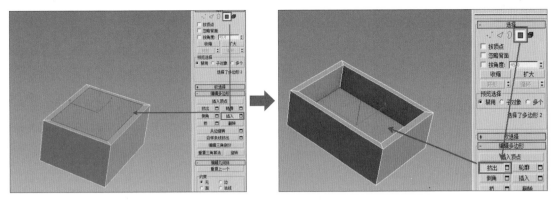

图7-11　创建场景模型

选择场景中需要掉落的物体，在MassFX工具栏中选择"将选定项设置为动力学刚体"。选择场景中充当储物盒的几何体，在MassFX工具栏中选择"将选定项设置为静态刚体"，如图7-12所示。

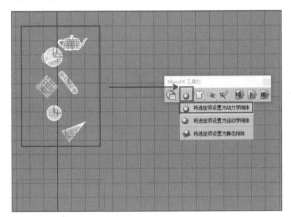
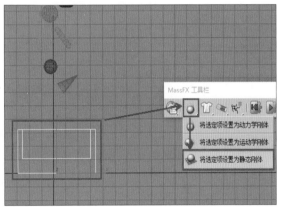

图7-12　赋予几何体动力学属性

设置几何形体的刚体属性。选择创建的几何体，打开修改器面板，分别修改几何体的刚体属性、物理材质、物理图形等属性，如图7-13所示。

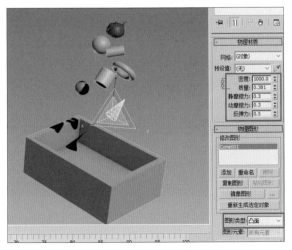
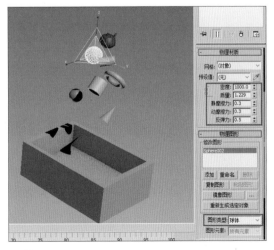

图7-13　设置属性

如果要一次性编辑多个物体的属性，可以使用多对象编辑器进行编辑，多对象编辑器同时编辑的物体必须有相同的动力学属性，如图7-14所示。

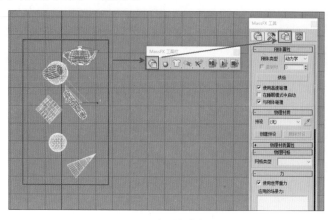

图7-14　多对象编辑器

选择储物盒，设置其图形类型为"原始的"，如图7-15所示。

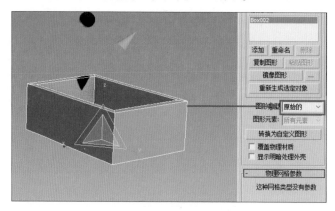

图7-15　设置储物盒的图形类型

使用模拟工具对场景进行动力学模拟，如图7-16所示，常用的命令如下。

① 开始模拟：从当前帧运行模拟。时间滑块为每个模拟步长前进一帧，从而导致运动学刚体作为模拟的一部分进行移动。如果模拟正在运行，导致按钮显示为被按下，单击此按钮来暂停模拟。

② 重置模拟：停止模拟，将时间滑块移动到第1帧，并将任意动力学刚体的变换设置为其初始变换。

③ 下一帧模拟：运行一个帧的模拟并使时间滑块前进相同量。

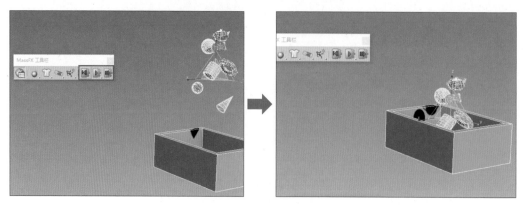

图7-16　动画模拟

参考需要输出的动画长度，如果长度大于100帧（默认动力学输出范围为0~100帧），需要进入时间配置面板对动力学输出范围值进行调整，如图7-17所示。

使用烘焙工具对动画进行输出，常用的命令如图7-18所示。

① 烘焙所有：会对每个帧运行模拟，并将结果存储为关键帧，之后会将所有动力学对象转换为运动学对象。

② 取消烘焙所有：将删除所有烘焙的关键帧，且对象返回为动力学对象。MassFX跟踪那些对象，由于烘焙被转换为运动学对象并仅取消烘焙这些对象，所以它会保留开始为运动学对象的状态。

播放动画，动画模拟完成，如图7-19所示。

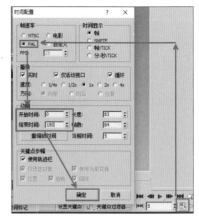

图7-17 时间配置面板

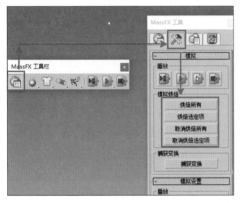

图7-18 输出动画常用命令

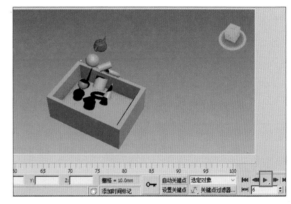

图7-19 播放动画

案例二：多米诺骨牌

通过刚体的接力碰撞，完成骨牌接力倒下的效果，如图7-20所示。

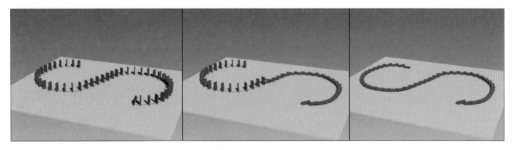

图7-20 多米诺骨牌

创建一个长方体作为骨牌，一个平面作为地面，以及一条S形的线作为路径，如图7-21所示。

选择作为骨牌的长方体，在"工具"面板的"对齐"中选择"间隔工具"命令，如图7-22所示。

拾取S形曲线，复制适合的骨牌个数，选择前后关系为跟随，对象类型为实例后应用，如图7-23所示。

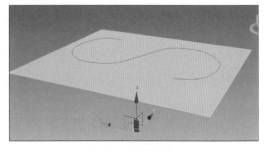

图7-21 创建场景物体

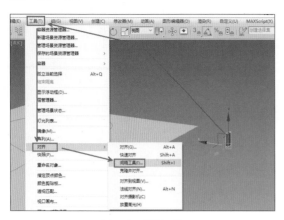

图7-22 间隔工具

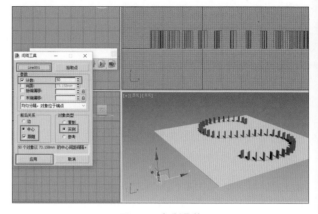

图7-23 复制骨牌

将末端的骨牌旋转一定的角度，并在MassFX工具栏中选择"将选定项设置为动力学刚体"，如图7-24所示。

在多对象编辑器中设置骨牌的刚体属性，并将网格类型改为"长方体"，如图7-25所示。

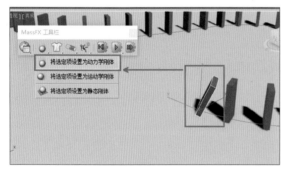

图7-24 赋予动力学属性

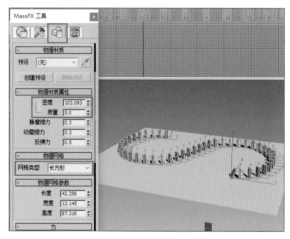

图7-25 设置刚体属性

配置时间后"烘焙所有"，完成动画，如图7-26所示。

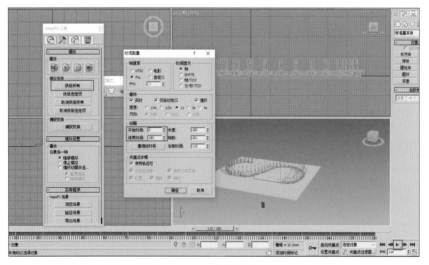

图7-26 完成动画

案例三：保龄球击飞动画

通过模拟保龄球瓶被击飞的动画，完成动力学至运动学的转换，如图7-27所示。

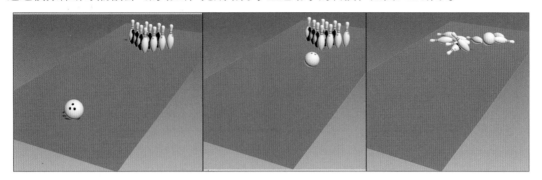

图7-27 效果

这个动画模拟由两个过程构成：

第一，保龄球的球在接触瓶之前的动力学过程；

第二，保龄球的球在接触瓶之后的动力学过程。

下面具体分析这段动画的制作过程。

创建场景模型，并将代表地面的平面设置为静态刚体，将保龄球的球与瓶都设置为运动学刚体，如图7-28所示。

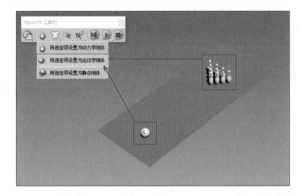 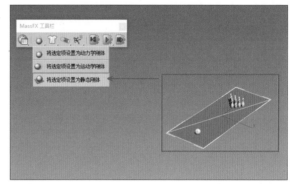

图7-28 赋予物体动力学属性

选择保龄球，打开自动关键帧，在第0~30帧之间，为保龄球完成一个旋转移动的关键帧动画，如图7-29所示。

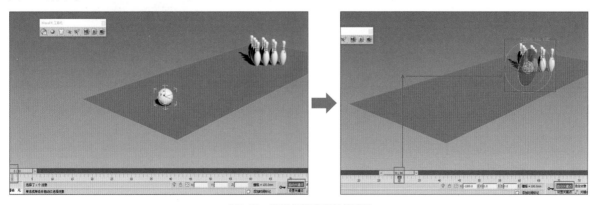

图7-29 设置保龄球关键帧动画

动画的第一部分完成。

观察关键帧动画，发现保龄球在第30帧时与保龄球瓶发生接触，如图7-30所示。

在保龄球与保龄球瓶发生接触之前，需要其保持静止状态，因此使用运动学刚体。在保龄球与保龄球瓶发生接触之后，需要进行动力学运算，此时应该把刚体类型改为"动力学"，勾选"直到帧"，在其数值框内输入30帧，如图7-31所示。

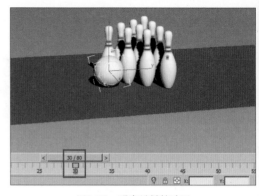

图7-30　观察关键帧动画

对动画进行模拟，发现保龄球瓶被击飞，如图7-32所示。

设置输出时间范围长度，正式输出，动画完成。

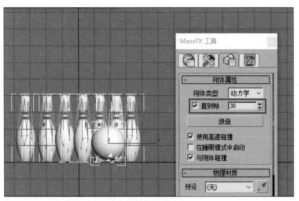

图7-31　在第30帧从运动学转换为动力学

图7-32　模拟动画

7.3　布料

mCloth是一种特殊版本的Cloth修改器，用于MassFX模拟。通过它，Cloth对象可以完全参与物理模拟，既影响模拟中其他对象的行为，也受到对象行为的影响。

MassFX中的布料对象是二维的可变形实体。可以利用布料对象模拟旗帜、窗帘、衣服（如裙子、帽子和衬衫）和横幅，甚至模拟类似纸张和金属片的材质。如图7-33所示，角色的披肩或短裙以 Cloth 的形式展示。

MassFX布料修改器可以理解为布料属性修改器，在mCloth布料属性修改器中可以修改布料的重量、弹力等参数，从而模拟类似窗帘、衣物、金属片和旗帜等对象的行为。

图7-33　示例

下面介绍MassFX布料修改器中主要参数的功能，如图7-34所示。

（1）mCloth模拟

① 布料行为（动力学）：mCloth对象的运动影响模拟中其他对象的运动，也受这些对象运动的影响。

② 布料行为（运动学）：mCloth对象的运动影响模拟中其他对象的运动，但不受这些对象运动的影响。

③ 直到帧：启用时，MassFX 会在指定帧处将选定的运动学布料转换为动力学布料。

④ 烘焙/撤销烘焙：烘焙可以将mCloth对象的模拟运动转换为标准动画关键帧以进行渲染。

⑤ 继承速度：选中该复选框时，mCloth对象可通过使用动画从堆栈中的mCloth对象下面开始模拟。

⑥ 动态拖动：不使用动画即可模拟，且允许拖动Cloth以设置其姿势或测试行为。

（2）力的卷展栏（如图7-35所示）

① 使用全局重力：选中该复选框时，mCloth对象将使用MassFX全局重力设置。

② 应用场景的力：列出场景中影响模拟中此对象的力空间扭曲。单击"添加"按钮，将空间扭曲应用于对象。要防止空间扭曲影响对象，则在列表中高亮显示它，然后单击"移除"按钮。

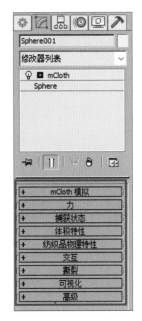

图7-34　卷展栏参数

（3）捕获状态卷展栏（如图7-36所示）

① 捕捉初始状态：将所选mCloth对象缓存的第1帧更新到当前位置。

② 重置初始状态：将所选mCloth对象的状态还原为应用修改器堆栈中的mCloth之前的状态。

③ 捕捉目标状态：抓取mCloth对象的当前变形，并使用该网格来定义三角形之间的目标弯曲角度。

④ 重置目标状态：将默认弯曲角度重置为堆栈中mCloth下面的网格。

⑤ 显示：显示mCloth的当前目标状态，即所需的弯曲角度。

图7-35　力的卷展栏

图7-36　捕捉状态卷展栏

（4）纺织品物理特性卷展栏（如图7-37所示）

① 加载：单击该按钮可打开mCloth预设对话框，用于从保存的文件中加载纺织品物理特性设置。

② 保存：单击该按钮可打开一个小对话框，用于将纺织品物理特性设置保存到预设文件。

③ 重力比：使用全局重力处于启用状态时重力的倍增。使用此选项可以模拟效果，如湿布料或重布料。

④ 密度：布料的权重，以克每平方厘米为单位。

⑤ 延展性：拉伸布料的难易程度。

⑥ 弯曲度：折叠布料的难易程度。

⑦ 使用正交弯曲：计算弯曲角度，而不是弹力。在某些情况下，该方法更准确，但模拟时间更长。

⑧ 阻尼：布料的弹性，影响在摆动或捕捉后其还原到基准位置所经历的时间。

⑨ 摩擦力：布料在其与自身或其他对象碰撞时抵制滑动的程度。

⑩ 限制：布料边可以压缩或折皱的程度。

⑪ 刚度：布料边抵制压缩或折皱的程度。

（5）交互卷展栏（如图7-38所示）

① 自相碰撞：启用时，mCloth 对象将尝试阻止自相交。

② 自厚度：用于自碰撞的 mCloth 对象的厚度。如果布料自相交，则尝试增加该值。

③ 刚体碰撞：启用时，mCloth 对象可以与模拟中的刚体碰撞。

④ 推刚体：选中该复选框时，mCloth对象可以影响与其碰撞的刚体的运动。

⑤ 推力：mCloth对象对与其碰撞的刚体施加的推力的强度。

⑥ 附加到碰撞对象：选中该复选框时，mCloth对象会黏附到与其碰撞的对象上。

⑦ 影响：mCloth对象对其附加到的对象的影响。

⑧ 分离后：与碰撞对象分离前mCloth的拉伸量。

⑨ 高速精度：选中该复选框时，mCloth对象将使用更准确的碰撞检测方法，这样会降低模拟速度。

（6）撕裂卷展栏（如图7-39所示）

① 允许撕裂：启用时，布料中的预定义分割将在受到充足力的作用时撕裂。此设置可设置动画，因此可以仅在动画的特定点上启用撕裂。

② 撕裂后：布料边在撕裂前可以拉伸的量。

③ 撕裂之前焊接：选择在出现撕裂之前 MassFX 如何处理预定义撕裂。

• 顶点：顶点分隔前在预定义撕裂中焊接（合并）顶点，更改拓扑。

• 法线：沿预定义的撕裂对齐边上的法线，将其混合在一起。此选项保留原始拓扑。

• 不焊接：不对撕裂边执行焊接或混合。

图7-37　纺织品物理特性卷展栏

图7-38　交互卷展栏

图7-39　撕裂卷展栏

案例一：布料落在刚体上

模拟一块布料从空中自由落下，落到一个球状刚体物体上，如图7-40所示。

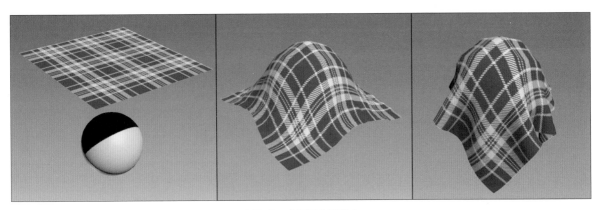

图7-40　布料落在刚体上

创建平面模型，将"长度分段"和"宽度分段"设置为30，给它赋予材质并选中"双面"复选框（如果不勾选双面，平面物体将有一面是透明的），如图7-41所示。

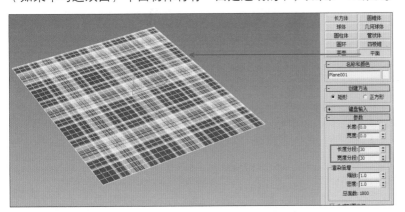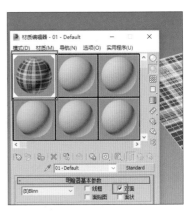

图7-41　创建模型

选择布料，在MassFX工具栏中选择"将选定对象设置为mCloth对象"，如图7-42所示。

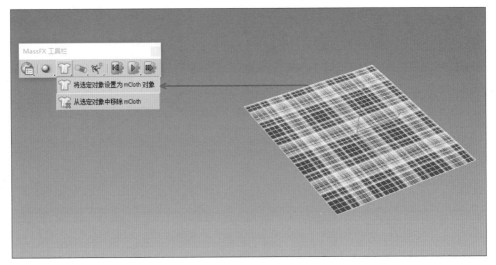

图7-42　将选定对象设置为mCloth对象

创建球体并在MassFX工具栏中选择"将选定项设置为动力学刚体"，如图7-43所示。

在mCloth修改器中设置参数并选择"自相碰撞"，如图7-44所示。

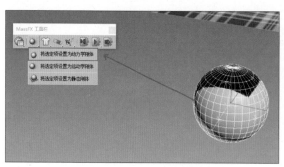

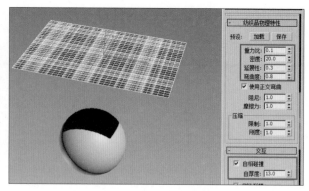

图7-43 设置球体的动力学属性 　　　　　　　　　图7-44 设置mCloth参数

对场景进行模拟，模拟的效果满意后，调整动画输出范围，进行动画正式输出，如图7-45所示。播放动画，布料落到刚体上模拟完成。

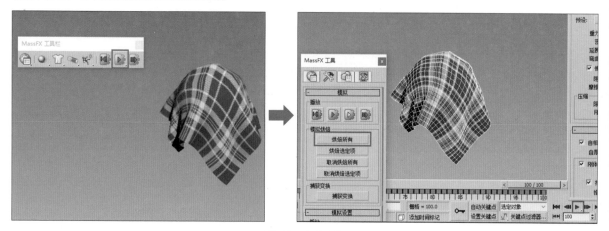

图7-45 完成动画

读者可以试着使用同样的方法模拟布料落在方桌上，模拟桌布效果。

案例二：撕裂画布

模拟布料在外力拉伸下的情况，如图7-46所示。下面介绍它的制作过程。

图7-46 示例

创建平面模型，将"长度分段"和"宽度分段"设置为30，给它赋予材质并选中"双面"复选框（如果不勾选双面，平面物体将有一面是透明的），为画布添加一个UVW贴图，创建两个圆柱体当画布的卷轴，一个长方体当刀片，如图7-47所示。

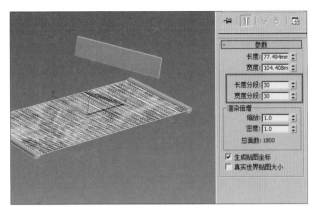
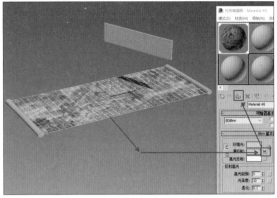

图7-47　创建模型

选择画布，在MassFX工具栏中选择"将选定对象设置为mCloth对象"，如图7-48所示。

选择mCloth的顶点选项，框选画布上最左边一列的点与最右边一列的点，分别设定一个组，如图7-49所示。

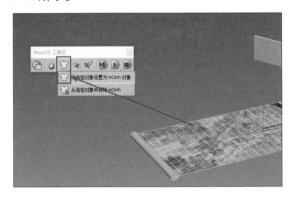
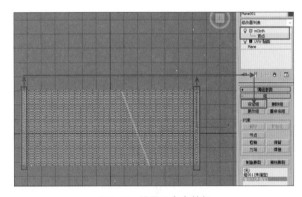

图7-48　将选定对象设置为mCloth对象　　　　　　图7-49　设置固定点的组

将组001和组002分别用节点选项绑定到两个卷轴上，如图7-50所示。

打开自动关键帧，在第40帧的位置将右边的卷轴向右移动，制作关键帧动画，选中画布最中间的一列顶点设置组，然后选择"制造撕裂"选项，如图7-51所示。

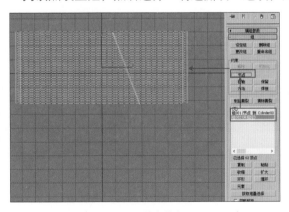
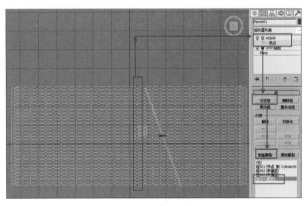

图7-50　绑定节点　　　　　　　　　　　　　图7-51　制造撕裂

在mCloth中撕裂卷展栏，勾选"允许撕裂"复选框，将撕裂后的值改为1.5（通过不断实验与调整，输入最适合的数值），如图7-52所示。

单击开始模拟按钮，模拟画布被撕裂的过程，找到画布撕裂的瞬间，用长方体制作一个位移动画，使得刀口正好落在画布的撕裂口上，完成动画，如图7-53所示。

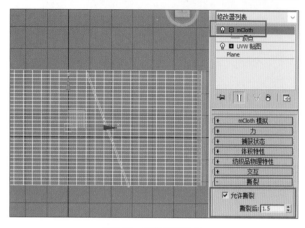

图7-52　调整撕裂参数

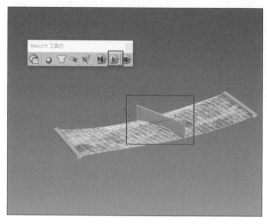

图7-53　完成动画

案例三：旗帜被风吹飘动

一块布料，一条边的顶点固定在木棍上，当风吹过时，模拟布料进行解算，如图7-54所示。下面介绍它的制作流程。

图7-54　示例

创建平面布料物体，适当增加"长度分段"和"宽度分段"，然后创建木棍圆柱物体，如图7-55所示，赋予布料"双面"材质。

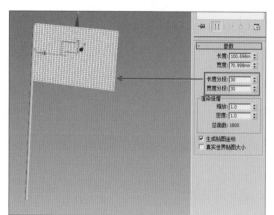

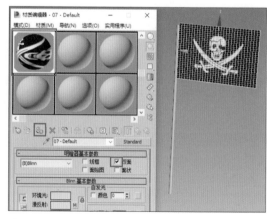

图7-55　创建物体

为平面物体添加mCloth对象，根据布料大小等因素修改布料修改器中的参数，使其模拟更加自然，如图7-56所示。

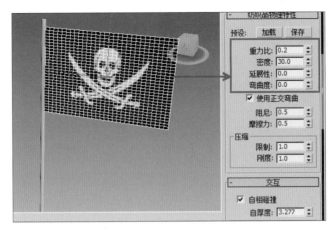

图7-56　调整布料修改器参数

在mCloth修改器的子菜单中选择"顶点"，框选紧挨旗杆的一排顶点，为其设定一个组，选择节点命令后单击旗杆，完成旗杆对旗帜的约束，如图7-57所示。

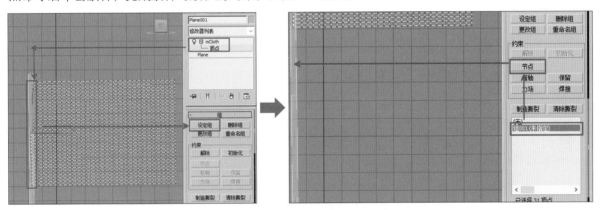

图7-57　使用"节点"命令约束旗帜

在创建面板中的空间扭曲选项中选择"风"，创建好风的力场并调整好角度，如图7-58所示。

图7-58　建立空间扭曲物体风

设置风的基本参数，并在mCloth的力卷展栏中单击"添加"按钮，再单击风，将制作好的风添加到mCloth动力学中，单击开始模拟按钮，完成动画，如图7-59所示。

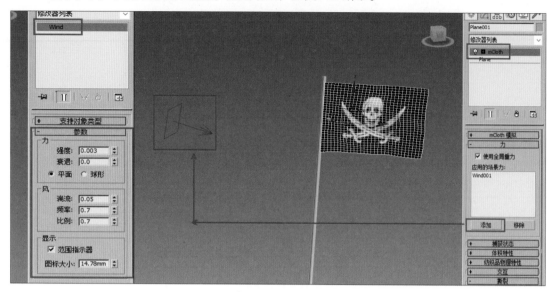

图7-59　完成动画

7.4　碎布玩偶

碎布玩偶辅助对象是MassFX的一个组件，可让动画角色作为动力学和运动学刚体参与到模拟中。角色可以是骨骼系统或Biped，以及使用蒙皮的关联网格，如图7-60所示。

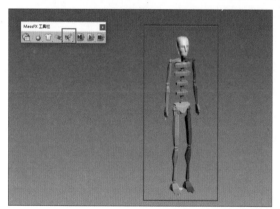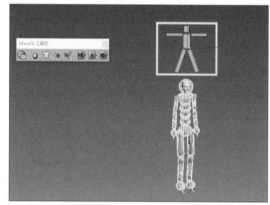

图7-60　示例

（1）常规卷展栏（如图7-61所示）

① 显示图标：切换碎布玩偶对象的显示图标。

② 图标大小：设置碎布玩偶辅助对象图标的显示大小。

③ 显示骨骼：切换骨骼物理图形的显示。

④ 显示约束：切换连接刚体的约束显示。

⑤ 比例：约束的显示大小。增加此值更容易在视口中选择约束。

（2）设置卷展栏（如图7-62所示）

① 碎布玩偶类型：确定碎布玩偶如何参与模拟的步骤。

图7-61　常规卷展栏

② 拾取：将角色的骨骼与碎布玩偶关联。单击此按钮后，单击角色中尚未与碎布玩偶关联的骨骼。

③ 添加：将角色的骨骼与碎布玩偶关联。

④ 移除：取消骨骼列表中高亮显示的骨骼与破碎玩偶的关联。

⑤ 名称：列出碎布玩偶中的所有骨骼。高亮显示列表中的骨骼、删除或成组骨骼，或者批量更改刚体设置。

⑥ 按名称搜索：输入搜索文本可按字母顺序升序高亮显示第1个匹配的项目。

⑦ 全部：单击该按钮可高亮显示所有列表条目。

⑧ 反转：单击该按钮可高亮显示所有未高亮显示的列表条目，并从高亮显示的列表条目中删除高亮显示。

⑨ 无：单击该按钮可从所有列表条目中删除高亮显示。

⑩ 蒙皮：列出与碎布玩偶角色关联的蒙皮网格。

（3）骨骼属性卷展栏（如图7-63所示）

① 源：确定图形的大小。

② 图形：指定用于高亮显示的骨骼的物理图形类型。

③ 膨胀：展开物理图形使其超出顶点或骨骼的云的程度。

④ 权重：在蒙皮网格中查找关联顶点，确定每个骨骼要包含的顶点时，与蒙皮修改器中的权重值相关的截止权重。

⑤ 更新选定骨骼：为列表中高亮显示的骨骼应用所有更改后的设置，然后重新生成其物理图形。

（4）碎布玩偶属性卷展栏（如图7-64所示）

① 使用默认质量：选中该复选框时，碎布玩偶中每个骨骼的质量为刚体中定义的质量。

② 总体质量：整个碎布玩偶集合的模拟质量，计算结果为碎布玩偶中所有刚体的质量之和。

③ 分布率：使用重新分布时，此值将决定相邻刚体之间的最大质量分布率。

④ 重新分布：根据总体质量和分布率的值，重新计算碎布玩偶刚体组成成分的质量。

（5）碎布玩偶工具卷展栏（如图7-65所示）。

更新所有骨骼：更改任何碎布玩偶设置后，通过单击此按钮可将更改后的设置应用到整个碎布玩偶，无论列表中高亮显示哪些骨骼。

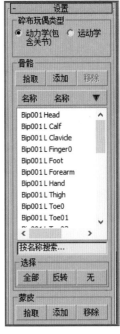

图7-62 设置卷展栏

图7-63 骨骼属性卷展栏

图7-64 碎布玩偶属性卷展栏

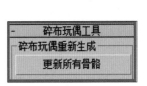

图7-65 碎布玩偶工具卷展栏

7.5 动力学实例

案例一：利用mCloth制作悬挂的浴巾，如图7-66所示。

进入创建面板，单击"平面"按钮，在视图中创建一个平面。进入修改面板，设置长度为296mm，宽度为183mm，长度分段为30，宽度分段为20，如图7-67所示。

选择创建的平面，进入修改面板，为平面添加Cloth修改器，在对象卷展栏下单击"对象属性"按钮，在弹出的"对象属性"对话框中单击"添加对象"按钮，并添加Plane001，接着选中"布料"单选按钮，最后单击"确定"按钮，如图7-68所示。

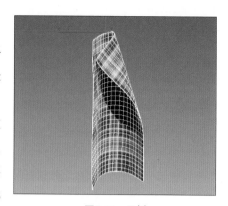

图7-66 示例

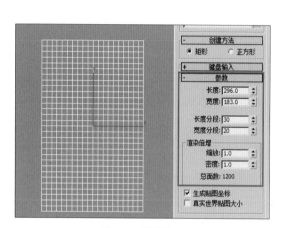

图7-67 创建平面

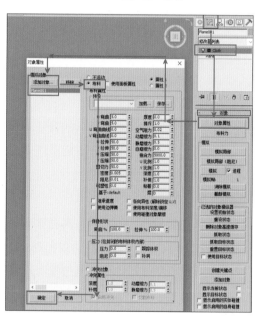

图7-68 添加Cloth修改器

单击刚创建的平面，进入修改面板，并选择Cloth下的"组"子级别，接着选择如图7-69所示的点，然后单击"设定组"按钮，在弹出的"设定组"对话框中输入组名称为组001，最后单击"确定"按钮，如图7-70所示。

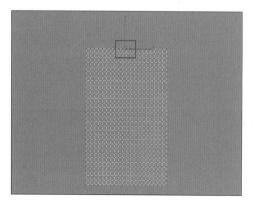

图7-69 选中的点

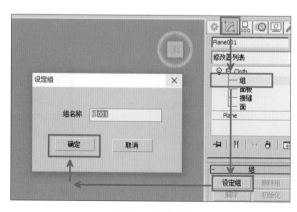

图7-70 设定组

接着在组卷展栏下单击"绘制"按钮，如图7-71所示。最后再次单击Cloth列表下的"组"子级别，结束编辑。

选择Cloth修改器，在对象卷展栏下单击"模拟"按钮，自动生成动画，如图7-72所示。为了使得画面更加真实，选择浴巾模型，为其添加"壳"修改器，设置"外部量"为1mm，接着为其加载"网格平滑"修改器，设置"迭代次数"为1，如图7-73所示。

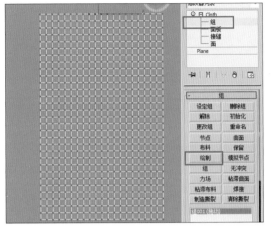

图7-71　绘制　　　　　　　　图7-72　模拟　　　　　　　图7-73　完成动画

案例二：小球撞击墙体，如图7-74所示。

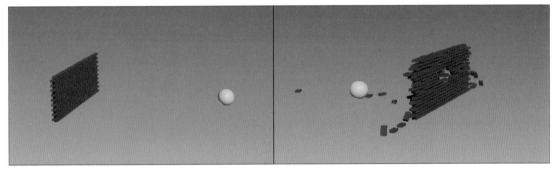

图7-74　示例

在创建面板中创建一个长度为40mm，宽度为20mm，高度为10mm的长方体，向下与向右复制长方体，使得所有的长方体组成一面墙体，如图7-75所示。

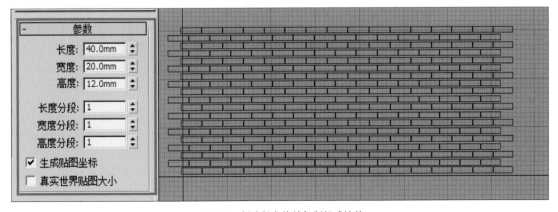

图7-75　创建长方体并复制组成墙体

在创建面板中创建一个半径为40mm的球体，并将它放置在墙体的正前方，如图7-76所示。

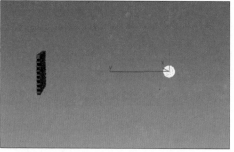

图7-76　创建球体

选中所有的长方体，在MassFX工具栏的刚体选项中，选择"将选定项设置为运动学刚体"，并在刚体属性中选择"在睡眠模式中启动"复选框，如图7-77所示。

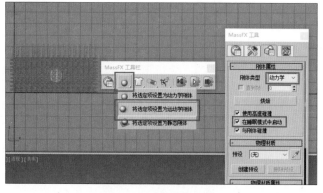

图7-77　设置刚体类型

选中所有的长方体，在MassFX工具的多对象编辑器中设置物理材质属性，如图7-78所示。

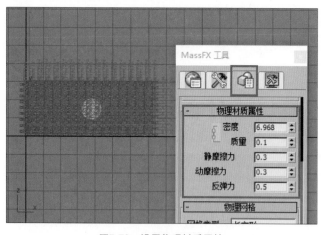

图7-78　设置物理材质属性

打开自动关键帧，将时间滑块移动到第30帧，将球体从墙体的一面移动到另一面，如图7-79所示。

选中小球，在MassFX工具栏的刚体选项中，选择"将选定项设置为运动学刚体"，在MassFX工具中的多物体编辑器里，勾选"直到帧"复选框，设置直到帧的值为15（小球刚好撞击到墙体），如图7-80所示。

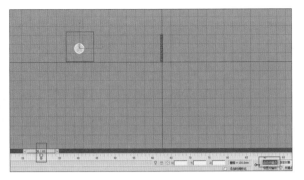

图7-79　制作小球关键帧动画　　　　　　　　　图7-80　设置球体动力学属性

选择小球，在其命令面板中选择物理材质，将质量改为80，单击开始模拟按钮，完成动画，如图
7-81所示。

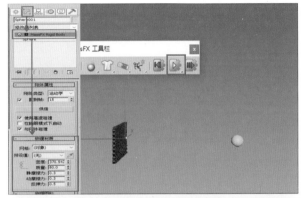

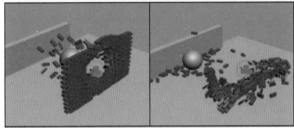

图7-81　完成动画

思考题

1. 动力学中有哪几种常用的刚体类型？
2. 刚体之间的类型在动画中如何转换？
3. 布料如何产生撕裂效果？
4. 碎布玩偶在动画中的具体作用是什么？

下篇

动画应用篇

Chapter 03

建筑漫游动画 概述

本章重点

- 三维数字图像技术应用领域简介。
- 建筑动画概述。
- 建筑动画的工作流程。

学习目的

前面几个章节学习了3ds MAX动画制作的基础知识，从本章开始学习3ds MAX在建筑漫游动画中的具体运用。建筑动画是三维数字技术在设计领域中的主要运用方向之一，了解建筑漫游动画的产生发展和工作流程，是熟练掌握建筑动画制作技法的基础。

8.1 三维数字图像技术应用领域介绍

三维数字图像技术除了应用在影视、动画、游戏、广告等方面，还在地产建筑表现、数字城市、工业仿真、古迹复原、军事仿真等方面有广泛运用。

1．建筑漫游动画

建筑漫游动画就是采用动画虚拟数码技术结合电影的表现手法，根据房地产的建筑、园林、室内等规划设计图纸，将楼盘外观、室内结构、物业管理、小区环境、生活配套等未来建成的生活场景进行提前演绎展示，让人们轻松清晰地了解未来家园的生活，如图8-1所示。

图8-1　建筑漫游动画

建筑动画的镜头无限自由，可全面、逼真地演绎楼盘整体的未来形象，可以拍到实拍都无法表现的镜头，把楼盘设计师的思想，完美无误地演绎，让人们感受未来家园的美丽和真实。

建筑动画另一个作用是地产项目在开发以前，为了能够更直观地了解、验证其可行性，通常会使用三维图像技术对建筑环境进行模拟，以达到提前预知设计效果的目的。

2．数字城市

数字城市是将城市地理、资源、环境、人口、经济、社会社情和各种社会服务等复杂系统进行数字化、网络化、虚拟仿真、优化决策支持和可视化。通过宽带多媒体信息网络、地理信息系统、虚拟现实技术等基础技术，整合城市信息资源，构建基础信息平台，建立电子政务、电子商务等信息系统和信息化社区，实现全市国民经济信息化和社会公众服务信息化、数字化，图8-2为某规划项目。

图8-2　某规划项目

数字城市是从工业时代向信息时代转化的基本标志之一，一般指在城市"自然、社会、经济"系统的范畴中，能够有效获取、分类存储、自动处理的智能识别海量数据的、具有高分辨率和高智能化的、既能虚拟现实又可直接参与城市管理和服务的一项综合工程。

数字城市所需要的关键技术包括：超大容量超高速计算机、科学计算技术、虚拟现实技术、卫星图像分析与3S技术、宽带卫星通信技术、ATM（异步传输模式）、网络技术、互动操作系统、元数据等。

因此，无论从科学的定义上，还是从管理的定义上，数字城市均可视为人类发展的台阶式进步，其中既包含着从生产方式、生活方式、文化方式和人际关系的社会经济变革，也包含着政府决策、政府管理、政府服务的廉政建设的革命性进展。如图8-3所示为某地虚拟仿真案例。

图8-3　某地虚拟仿真

3．古迹复原

古建筑文化遗产不可再生，而修缮保护方法是多样的，选择最佳的古建筑修缮保护方案显得尤为重要。古建筑修缮保护动画片对修缮保护历史文化遗产建筑有极大的促进作用。在古迹复原、文物复原方面，采用非接触测量技术、三维成像技术，经过实地摄影、数据采集、三维动画合成，虚拟文物建筑影像的三维模型，利用3D虚拟现实技术将修缮保护工程方案制作成一套全面、具体、准确、生动的修缮过程互动演示片，对历史文化古建筑的保护、更新、延续具有重要的现实意义，如图8-4所示。

图8-4　古迹复原

4．工业仿真

工业仿真就是对工业流程和工业产品进行仿真演示的总称。大型工业生产流程很难一窥全貌，采用工业仿真技术，可将炼钢、汽车制造、制药等产业的生产流程浓缩于屏幕上，以多角度画面模拟生产流程的各个环节，并提示相关信息。

生产流程模拟可应用于科普教育、新员工培训、安全指导等多个方面，是工业生产管理教学的有力工具，如图8-5所示。

三维数字图像技术还在能源勘测、交通桥梁、水利电力、数字医院、军事仿真等方面有广泛的运用。

图8-5　工业仿真

8.2　建筑动画概述

国内建筑动画公司很多，下面对其简单介绍。

1．水晶石（北京）

水晶石数字科技有限公司成立于1995年，现已经成为亚洲数字视觉展示最大规模企业之一，目前人员规模约1500余人，在国内外设有10余个分支机构和办事处。作为全球领先的数字视觉技术及服务企业，水晶石数字科技致力以数字化三维技术为核心，提供与国际同步的全方位数字视觉服务。

水晶石公司于2006年正式成为"北京2008年奥运会图像设计服务供应商"。2008年，成为北京奥运会开（闭）幕式影像制作运营项目总承包商，并承担北京奥运会、残奥会体育展示与颁奖仪式视频内容制作。作为北京奥运会开（闭）幕式影像制作运营项目总承包商，水晶石公司负责整合及制作的工作包括：贯穿整场的"卷轴"影像及到鸟巢穹顶边缘"碗口"投影影像等数字视觉内容，如图8-6、图8-7所示。

图8-6　奥运会影像1

图8-7　奥运会影像2

2．原景（北京）

原景公司成立于1996年6月，长期致力于计算机技术在视觉艺术领域的应用。主要业务包括建筑方案设计、建筑渲染、三维动画制作及多媒体技术的应用等。原景完成的国家游泳中心动画如图8-8所示。

图8-8 国家游泳中心

原景公司的客户是本土及国际知名建筑设计事务所和地产发展商，以及需要视觉表现产品的个人和单位，包括中国建筑设计研究院、清华大学建筑设计院、北京建筑设计研究院、美国KPF事务所、德国GMP事务所，加拿大宝佳国际建筑师有限公司、日本佐藤综合计画等。

3．冰河（上海）

上海冰河动画艺术有限公司主要致力于建筑动态影像、广告片头、建筑绘画制作，专门为建筑设计师、规划师、房产策划公司、房产投资商提供专业的视频图像服务。公司注重每个项目的开发策划和专业制作，力求作品创意制作上的完美呈献，为客户提供最完美的视频解决方案。

2006年8月，《杭州印象》获CGarchitect 3D Awards最高奖，如图8-9所示。

图8-9 杭州印象

2007年8月，《布达拉宫》获CGarchitect 3D Awards最高奖，如图8-10和图8-11所示。

图8-10　布达拉宫1

图8-11　布达拉宫2

4．百慧（上海）

始创于1998年的百慧视觉艺术有限公司，是亚太地区最具影响力的三维图像制作机构之一。总公司位于中国上海，在天津、沈阳和美国亚特兰大均设有办事机构，旗下专业人员致力于为优秀设计作品提供三维表现、三维动画、虚拟现实、产品演示等制作服务。

百慧追求图像艺术的风格化与多元化，促使用户更新设计交流的原有概念，为设计师提供作品表述方式的最佳选择。历年来公司作品多次获得国内国际大奖，合作伙伴遍布世界各地，主要完成项目有：钓鱼台国宾馆、中国建筑部办公大楼、缅甸机场、韩国仁川机场、美国纽约海岸规划、阿联酋Dhabi酒店、中国戏剧学院、上海世博会、深圳新客站、长沙坡子街等，百慧的视觉方案均发挥了重要作用，在业界享有良好的声誉。

5．凡拓（广州）

凡拓数码科技有限公司，成立于2002年，致力于3D数码影像、网站多媒体技术的开发、应用与服务，是中国最大的数码影像服务公司之一，总部位于中国广州，在上海、惠州、东莞设有分公司，在米兰、温哥华、波士顿设有联络处，作品如图8-12所示。

图8-12　凡拓作品

6．无极（重庆）

重庆市无极动画科技有限公司提供以三维动画制作为主的系列服务，为客户建立完美的创意展示舞台和提供生动形象的沟通手段。

公司的前身是重庆无极建筑动画工作室。原有的工作室于2001年筹建试运行，2002年初正式运营，主要从事专业三维建筑动画和建筑室外效果图制作，是西部地区成立最早的动画制作表现专业工作室之一。公司迄今已为政府部门、建筑设计单位、房地产开发商、影视广告公司等制作了大量三维建筑动画，获得了较高的市场认可度，在业界树立了良好的口碑，已成为重庆建筑动画制作市场的"领头羊"，其作品如图8-13所示。

图8-13　无极作品

7．聚天源（深圳）

深圳聚天源文化传播有限公司是专注于数字媒体的专业机构，目前国内业务已覆盖泛珠三角、长三角、华北、西南等全国二十余个省市，以及欧美、中东、东南亚，是中国典型的极具成长力和竞争力的资深策略型数字图像供应商，业务涵盖房地产领域、城市规划设计领域和影视传媒领域服务及地产整合推广，多年来一直致力于建筑动画、工程投标演示动画、政府招商引资项目演示、产品演示动画、企业多媒体演示、多媒体名片光盘、虚拟现实、效果图表现的推广与研究，作品如图8-14所示。

图8-14　聚天源作品

8.3　建筑动画的工作流程

建筑动画工作流程在不同的设计公司有所差异，但总体的思路是大致相同的。可以将建筑动画工作流程分为前期、中期、后期三个阶段。

前期包括动画风格定位、参考片、画面分镜和简模样片。

中期包括制作模型材质、设置动画、灯光、场景细化和渲染输出。

后期包括后期处理、合成输出。

8.3.1　建筑动画前期

建筑动画制作前期要充分做好动画的风格与定位，完成文字分镜或画面分镜。例如，动画要表现什么，以及整体效果、叙事结构，哪一部分需要细致表现，镜头的运动设计，每段镜头片段时间控制，视觉效果，整体美术效果，色彩搭配，音乐效应，解说词与镜头画面的结合等。决定哪些需要在三维软件中制作，哪部分在后期软件中处理。

第一次创作建筑动画时，可以先找一些与自己设计风格相似的建筑动画片作为动画的参考片。有了优秀参考片艺术效果、画面风格的影响，能让初学者快速提高动画片的艺术水平。

建筑动画需要艺术气质。

建筑动画是由最早的建筑漫游发展过来的，早期从业者大多是从效果图制作转过来的，效果图的技术已经非常模式化，而这由静到动的转变过程其实发生了质的变化。动画除了继承效果图固有的建模、渲染技术以外，如何表现美观，艺术效果能打动人心是最难的，也是最重要的问题。

建筑动画艺术风格很多，常见的有：写实、概念和古典艺术风格。

写实艺术风格：强调环境自然天成，人与自然和谐共处，如图8-15所示。

图8-15　写实

概念艺术风格：强调场景几何概念，现代感、设计感强，如图8-16所示。

图8-16　概念

古典艺术风格：书法、水墨等传统艺术元素与建筑融合，意境深远，如图8-17所示。

图8-17 古典

好的艺术创意和成熟的分镜脚本是作品成败的关键，它将决定整个项目的氛围，是欧罗巴的华美，还是江南水乡的灵秀。千万不要让别人评价自己作品的氛围就是没有氛围。创意将起到画龙点睛的作用，而音乐、节奏、色调、构图将成为创意实施的直观表现。

影视语言的专业性是动画成败的关键，"万变不离其宗"，电影艺术的原理包括剪辑、构图、景别等，都是整体构思的要素，然而很少有人讨论这些，大多数都在比渲染，拼技术。

8.3.2　建筑动画中期

1．模型材质制作

为工程创建一个专门的目录，防止将素材、文件乱稿，如创建一个"图片"的文件夹放相应的资料图片，创建"CAD"、"MAX"、"WAV"、"AVI"、"TGA动画序列"等文件夹放置相应的文件，并将某些文件共享，方便制作人员相互调用资料。

将模型制作任务分配到制作人员手中，开始建模，同时，根据前面编制的脚本、动画的片头片尾和字幕，场景中一些必要的环境和点缀动画，如天空、远景、树木、环境小品、人物、喷泉等也应该着手准备。

这个过程需要注意的问题有：

① 统一场景尺寸单位，方便最后动画模型合并。

② 确定模型的精细程度，从一开始就控制片面数量，避免没必要的工作。

③ 为模型分别命名，为相同的材质统一命名，使用相同的材质目录。

④ 建筑模型在不影响效果的前提下要尽量精简，尽量删除不必要的形体。

⑤ 对于能够使用材质贴图的造型，如栏杆等，要尽量使用贴图，节省面片和工作量。

⑥ 材质中使用的贴图不要太大，以免增加文件量和渲染的时间。

2．设置动画

基本模型完成后，先将摄影机的动画按照脚本的设计和表现方向调整好，当场境中只有主题建筑物时，就要先设定好摄影机的动画，这对显卡刷新有很大帮助。完成后再设定其他物体动画。

将相机动画渲染制作成动画预览，进一步简单的剪辑、合成，制作一个简单的模拟动画，通过对比调整来确定最终相机的运动路径、运动速度、故事情节的连接。

3．灯光

模型的动画完成后，为场景架设灯光。根据摄影机动画设定好的方向进行细部调节。

在打灯光之前首先确定一个整体基调，所有故事场景的灯光都依据这个基调铺展开来，另外还要考虑故事的进展、天气变换、时间变换等因素对照明的影响，各种条件下阴影的变化等，正确设置阴影是一个重要环节，这决定了画面的真实程度和渲染输出的渲染速度。

4．场景细化

调整好贴图和灯光后再加入环境（树木、人物、汽车等），对镜头内出现的环境细化。

5．渲染输出

根据制作需要渲染出不同尺寸和分辨率的动画。

8.3.3　建筑动画后期

根据前期设计的动画风格、简单故事脚本与画面分镜，分别将渲染的.TGA动画序列导入视频合成软件中，进行剪辑合成，加入过场特效，并为动画配音等。

1．后期处理

渲染完成后，用后期软件进行修改和调整（如加入景深、雾，矫正颜色等）。

2．合成输出

最后将分镜头的动画按顺序加入，再加入转场，剪辑后输出所需格式。

一个好的工作流程意味着轻松愉快的工作氛围和显著的效益，特别是像制作建筑动画这样需要综合多种专业知识，需要多种专业人才共同协作的工作，更需要有一个好的制作流程。读者需要在实际工作中多积累经验教训，根据所处团队和自身的具体情况制定合适的工作流程。

思考题

1．简述建筑动画的制作流程。

2．建筑动画的艺术风格主要有哪几种？它们各自有什么优点？

3．一部好的建筑动画的衡量标准是什么？

Chapter 09

建筑漫游动画核心技术

本章重点

- 建筑动画中树木、人物、车辆解决方案。
- 复杂场景管理方法。
- 完成场景文件打包与贴图收集。

学习目的

　　建筑动画表现的核心是建筑，但动画中只有建筑是远远不够的，需要在三维虚拟世界中模拟现实生活中建筑周边存在的复杂环境，包括花草树木、人物、车辆、天空、水面等都可能是我们需要完成的对象。其中树木多种多样，人物、车辆也有多样性，完成这些建筑周边的辅助物体需要太多的时间与精力，但它们可能并不是动画表现的重点。对于这些建筑动画中辅助存在的物体，需要一整套快速有效的解决方案，这也是本章学习的主要内容。

9.1 建筑动画中树木植物解决方案

建筑动画中树木所占的比例是十分大的，因为绿色植物代表生命、生机，建筑环境绿色生态、回归自然是当今社会追求的主体，大家都希望能在绿色的环境中享受生活。

除了概念艺术风格的建筑动画，其他艺术风格的建筑动画都非常注重树木植物的表现效果，树木植物处理好坏也是建筑动画真实自然的关键，如图9-1所示。

图9-1　树木植物

建筑动画中树木可以分为远景树木和近景树木两种，根据对树木精细程度和摄像机运动方式的异同，会使用不同的方法来完成树木和其他花草植物的制作。

9.1.1　贴图完成树木

通过将植物贴图贴在平面物体上，模拟树木或其他植物。

优点：使用物体面数最少（1个平面物体方式使用了2个三角面，十字相交平面物体使用了4个面），适合鸟瞰远景植物表现，如图9-2所示。

图9-2　贴图完成树木

缺点：摄像机不能过高观察植物，会出现贴图变形失真。由于是通过平面贴图模拟植物，通常使用一个平面物体或十字交叉平面物体，摄像机过高会看到植物物体的侧面，如图9-3所示。近一些的植物会发现是由两个平面组合而成的。

下面介绍使用贴图完成植物制作的工作流程。

首先需要有植物贴图，本书配套资源文件夹中包含大量一线设计公司使用的植物贴图文件，有特殊需要的植物贴图可以通过Photoshop软件对真实植物照片修改得到。如图9-4所示，每张植物贴图都附有一张黑白通道贴图。

图9-3 摄像机视角

图9-4 植物贴图

打开3ds MAX，为其创建平面物体，进入修改面板将平面物体的段数改为1段（默认平面为4段，段数修改是为了节省物体面数资源），如图9-5所示。

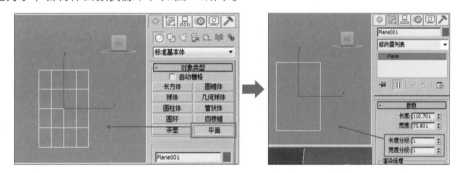

图9-5 创建平面物体

打开材质编辑器，将一个空白材质赋予平面物体，为其漫反射材质通道贴入一张植物贴图，如图9-6所示。

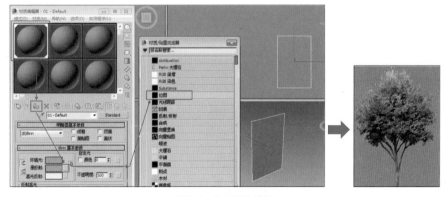

图9-6 贴上树木贴图

再为其透明度通道贴入黑白贴图。并将物体自发光改为100（植物图片自身有光影关系，改为100后，树木光影关系不会因场景灯光照射角度不同而失真），如图9-7所示。

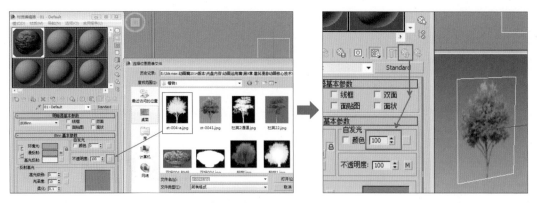

图9-7 设置自发光

注意勾选材质"双面"显示，否则摄像机到树木背面什么都不能显示，如图9-8所示。

为了方便观察效果，按8键打开"环境和效果"设置面板，将背景颜色由默认黑色设置为灰色，如图9-9所示。

图9-8 双面材质

使用Box随便添加几个地面参考物体后对场景进行渲染，单面树木完成，如图9-10所示。

图9-9 设置背景颜色

单面植物的缺点是不能从植物的侧面和顶面观看，如果从侧面或顶面观看，植物将严重失真，如图9-11所示。

图9-10 树木完成

图9-11 失真

为了弥补侧面观察树木失真的情况，一般可以将树木根据摄像机观察角度改变而发生旋转，使其正面永远垂直于摄像机。

另外一种弥补树木侧面失真的方法是使用十字交叉平面完成树木，如图9-12所示。将单面树木复制后旋转90度就可以了。

可以使用编辑多边形工具将十字叉树木结合为一个物体，然后将其轴心点放置在树根位置，再将其缩小成一棵小树，如图9-13所示。

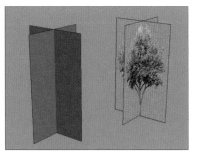 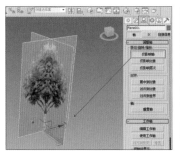 

图9-12　十字交叉平面　　　　　　　　　　　　　　　图9-13　结合后改轴心

　　场景中的树木植物是多样性的，一般建筑动画远景镜头都会为其准备三种以上颜色的植物，例如：嫩绿、墨绿、浅黄颜色搭配，如图9-14所示。

　　对这些植物根据动画场景需要进行复制摆放，能较好模拟远景植物的效果，如图9-15所示。

图9-14　树木颜色搭配　　　　　　　　　　　　　图9-15　远景效果

　　图9-16动画场景中的植物模型都是通过十字叉树木复制实现的。

图9-16　十字叉树木复制示例

　　使用贴图完成树木是解决大场景中存在大量植物的有效方案。以一棵树四个面计算，两万个面可以完成五千棵树，相比其他方法完成树木，它能够节省大量系统资源。植物的颜色搭配和随机自然摆放是提升画面效果的关键。

平面物体贴图完成树木时，尽量避免摄像机垂直镜头的使用，避免十字叉树木显示失真。

9.1.2 使用SpeedTree插件制作植物

SpeedTree是一款专用三维树木建模软件，支持大片树木的快速建立和渲染，其本身还带有强大的树木库，是由美国IDV公司研发制作的。其不仅可以通过插件将树木导入到其他的三维建模软件中使用，也可以为游戏引擎提供强大的树库支持，目前已经成为著名游戏引擎Unreal的御用树木生成件。随着版本7发布，SpeedTree电影版和SpeedTree Studio提供了一个强大的新特性，特殊照相现实主义集，同时通过提高工作流和节省建模时间来帮助用户创建更好、更逼真的树及植被序列。电影《阿凡达》也曾用此软件创建树木及植被，如图9-17所示。

图9-17　SpeedTree 插件

其官方网址为http://www.speedtree.com。该插件能够完成非常真实的植物效果，如图9-18所示。

图9-18　示例

SpeedTree的插件由两个模块构成：安装程序和树库文件。插件安装程序提供与3ds MAX软件接口文件，树库中有各种各样类型及不同精细程度的树木。使用安装好的SpeedTree插件创建一棵树，然后载入树库中树木文件是SpeedTree大致的工作流程。

树库中的植物种类很多，可以将它们分别载入，熟悉后进行使用。

SpeedTree完成植物优缺点分析如下。

优点：植物细节真实自然，种类繁多，支持风力，摄像机能各个角度运动拍摄，适合近景、中景植物表现。

缺点：面数太多，计算速度较慢，不便于大面积使用，鸟瞰、远景不适合使用。

相关教学及学习资源，读者可以通过本书配套资源文件夹进行学习。

9.1.3 MultiScatter百万种树插件

MultiScatter 是一款新的产品，基于VRayScatter技术，设计它的目的不仅是能够与VRay一起工作，还能够和Mental Ray一起工作。MultiScatter官方网址为http://www.rendering.ru。

　　MultiScatter支持VRay和Mental Ray生成大量的数组对象。由于能够支持64位系统，使得MultiScatter在眨眼之间就能够创建和提交森林甚至是城市等大型场景的渲染。通过优化内存管理，能够快速提升渲染速度，从而使得场景的创建过程就像读ABC一样的容易，如图9-19所示。

图9-19　MultiScatter插件

MultiScatter主要功能如下：

① 有能力创建大量的数组对象；

② 通过优化内存管理，能够快速提升渲染速度；

③ 对数组对象进行随机变形（缩放、旋转等）；

④ 基于位图或者程序贴图的对象分布；

⑤ 基于位图或者程序贴图的对象缩放；

⑥ 实时的窗口预览；

⑦ 不同类型的视图预览，支持64位。

如图9-20所示，是MultiScatte大面积树木作品。

图9-20　MultiScatter大面积树木作品

MultiScatter的最新版本包含了一些性能改进和Bug修复，此外，还添加了新的对象类型和散射方法——MultiPainter。通过使用虚拟笔刷，MultiPainter能够在对象的表面上排列物体。这不仅仅创造了额外的几何体，还极大简化了对大型阵列的处理过程。

MultiScatter是配合VRay渲染器一起使用的，所以要先安装VRay渲染器，然后再安装MultiScatter百万种树插件，才能正常使用。安装方法见本书配套教学及学习资源文件夹。

正确安装百万种树插件后，在命令面板，单击三维物体中标准基本体，展开三维形体选项最后两栏，能看到VRay和MultiScatter物体选项，如图9-21所示。

MultiScatter百万种树插件常用工具介绍如下。

创建MS散布物体，进入修改面板，可以管理散布对象，下方有三个命令，分别是在场景中拾取加入散布物体、按名称加入散布物体、移除选择的散布物体。通过这三个命令可以对散布的多种植物进行管理，如图9-22所示。

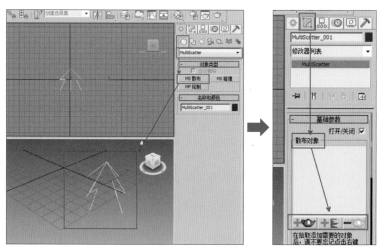

图9-21　VRay和MultiScatter　　　　　　图9-22　MultiScatter散布对象管理

概率：控制多个散布物体中，当前物体的出现概率，100代表全部出现，50代表一半出现，0代表不出现，如果只有单个散布物体，该参数无作用。

遮罩：用一张黑白图，控制选择的散布对象物体出现的概率，白色代表出现，黑色代表不出现，如图9-23所示。

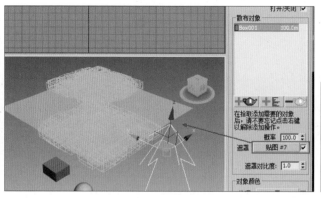
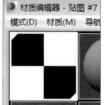

图9-23　概率和遮罩贴图

分布（按曲面）：百万种树插件散布物体的表面，可以是任何形状的三维物体，散布后的物体会按曲面法线，在表面进行分布，取消选择将没有分布表面指定，无法分布物体，如图9-24所示。

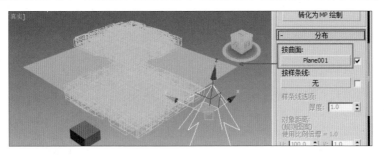

图9-24 分布按曲面

分布（按样条线）：百万种树插件散布物体的样条线，可以是任何形状的样条线，散布后的物体会按样条线进行分布，如图9-25所示。创建一个矩形的样条线，让散布物体沿着样条线分布。

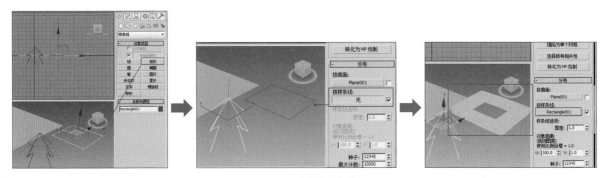

图9-25 分布按样条线

厚度值可以控制样条线两侧散布物体的范围。如果同时选择了按曲面和按样条线分布，这时，两种分布方法会同时起作用，但样条线控制优先。在样条线与曲面Z轴位置有重叠的时候，样条线上分布物体会自动落到曲面上去，如图9-26所示。

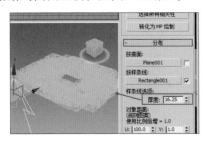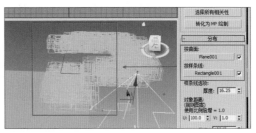

图9-26 分布按样条线与按曲面同时起作用

种子：程序随机数，随机排列分布的数字记号，如果第一次随机分布位置不满意，可以更改种子数重新分布位置，如图9-27所示。

最大计数：场景中分布物体的最大数字。某些大面积森林场景，最大计数可能达到几百万，实现大面积树木覆盖的目的。

遮罩：用一张黑白图来控制物体的散布密度。通常白色代表100%散布，黑色代表0%散布，颜色越浅散布比例越大。通过PhotoShop软件画出一张植物散布黑白图，贴入遮罩通道，是一种能方便控制植物分布位置的方法，会经常使用。

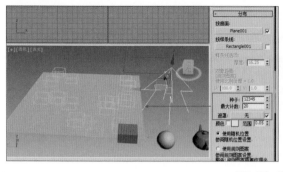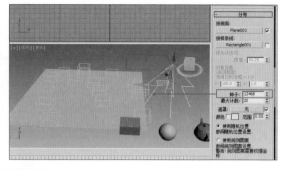

图9-27　种子数改变

分布中的最大计数是最终渲染时，实际物体的分布数量。与预览命令中的最大计数不同，预览中的最大计数控制的是视图窗口中的显示最大个数，如图9-28所示。如果在视图中需要显示真实的物体分布数量，预览中的最大计数需要大于分布中的最大计数数字。

边界样条线：控制物体分布的边界，如图9-29所示。

使用视野剪切：通过添加场景摄像机命令，剪切掉视野以外的散布物体，能有效减少场景显示个数，摄影机视图内散布物体个数不受影响，如图9-30所示。

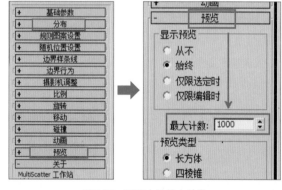

图9-28　预览中的最大计数

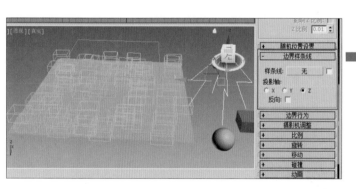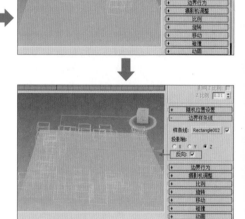

图9-29　边界样条线

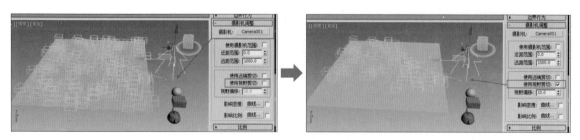

图9-30　使用视野剪切

比例：全局物体的最小到最大缩放比例，满足场景中植物大小随机变化需要，一般80～120较为常见，如图9-31所示。

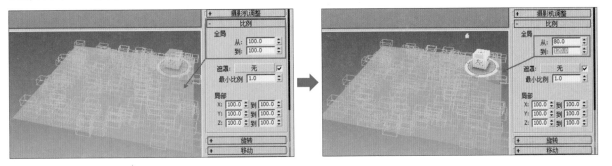

图9-31　物体全局比例缩放

旋转：让散布物体沿某个轴随机旋转，通常用来模拟自然界中形态各异的树木，能避免大量散布物体时的方向雷同现象，如图9-32所示。

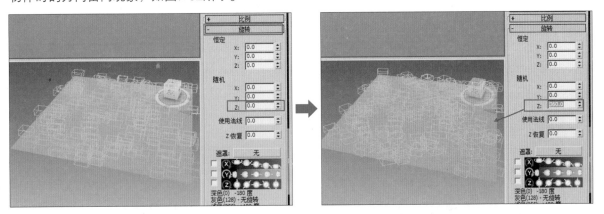

图9-32　物体随机旋转

碰撞：控制散布物体间的碰撞关系。半径100%代表完全不碰撞、无重叠，半径50%代表最大可碰撞50%半径，物体有重叠部分，如图9-33所示。

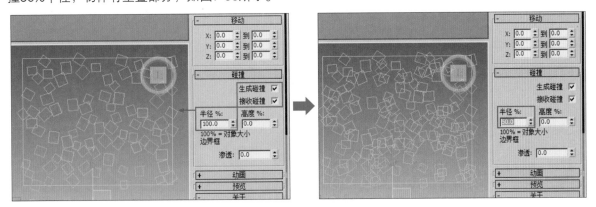

图9-33　碰撞半径

动画：控制散布物体的动画效果。能让有动画属性的散布物体实施往复动画、循环动画或单帧效果，如图9-34所示。

预览：控制视图预览效果。始终代表视图有显示，最大计数控制显示的最大数目，预览类型表示用长方体、四棱锥、交叉、点中的某一种形体显示散布物体，通常使用长方体显示，如图9-34所示。

图9-34　动画与预览

使用对象线框颜色：使用散布原始物体的线框色显示散布物体的线框色，如图9-34所示。

以上就是MultiScatter百万种树插件的常用工具命令，需要理解掌握。

下面通过实例，使用MultiScatter百万种树插件模拟生成一片森林的效果，对常用工具进行应用，如图9-35所示。

图9-35　百万种树实例

打开代理树木原始文件，里面有两棵树，为了能较快显示，两棵树显示为边界盒子，如图9-36所示。如果物体代理路径错误，可选择后，进入修改命令重新指定到该文件夹中对应的代理文件。

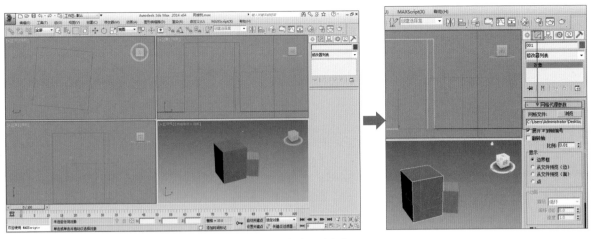

图9-36 树木原始文件

创建平面物体，作为散布的表面，创建MS散布物体，如图9-37所示。

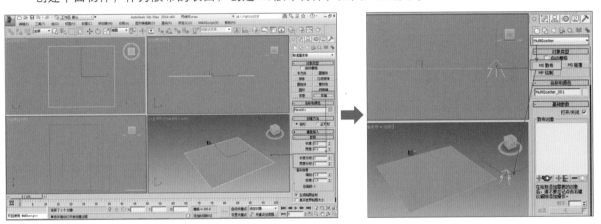

图9-37 创建平面与散布物体

选择MultiScatter散布物体图标，进入修改面板，使用拾取散布物体工具拾取两棵树的代理文件进入列表，在分布命令中，拾取平面作为树木散布的表面，树木基本散布完成，如图9-38所示。

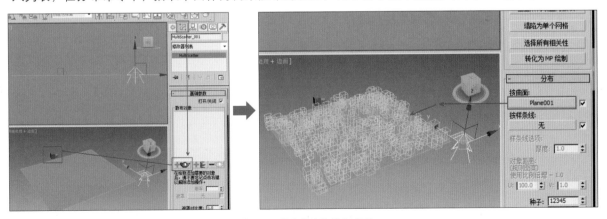

图9-38 指定散布物体与曲面

修改比例数值，让物体在80%到120%之间随机缩放，调整Z轴随机360度旋转，碰撞半径参数调整为50%，让植物自然随机分布，如图9-39所示。

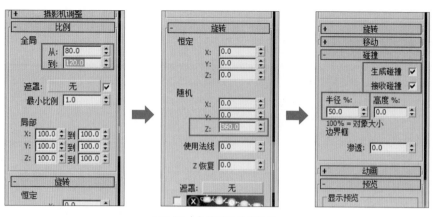

图9-39 自然随机分布物体

为场景架设目标平行光，开启VRay阴影，调节平行光参数中光束区域与衰减区域数值，保证灯光光束内能覆盖到散布的物体，如图9-40所示。

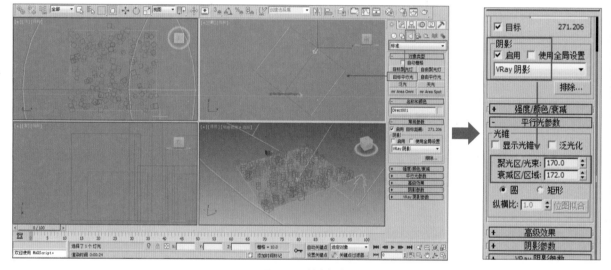

图9-40 创建灯光

打开"渲染设置"面板，把渲染器改为VRay渲染器，MultiScatter百万种树插件只能在VRay渲染模式下运行。将VRay的环境光打开，调整环境光倍增器数字，如图9-41所示。

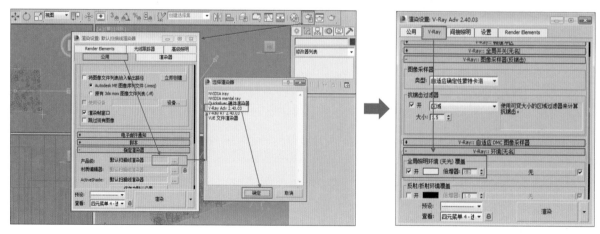

图9-41 VRay渲染器与环境光设置

打开VRay"间接照明"功能，将发光贴图预设置改为"非常低"，选择"显示计算相位"与"显示直接光"复选框，单击"渲染"按钮，树木基本渲染完成，如图9-42所示。

图9-42　VRay全局光与渲染

将分布展卷栏中"最大计数"由280改为580，树木将会变得密集，重新渲染场景，如图9-43所示。

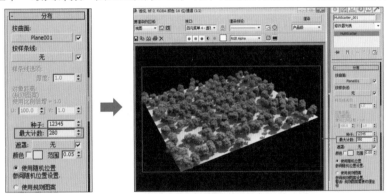

图9-43　散布树木更密集

如果需要树木中间有一块方形的空地，可以使用两种方法实现：① 绘制遮罩黑白贴图；② 使用边界样条线命令。下面对这两种方法分别进行介绍。

将分布平面的顶视图进行截图，进入PhotoShop进行裁切，裁切到平面边界大小，绘制黑白遮罩贴图，白色代表将来种树区域，黑色代表不种树区域，保存黑白遮罩图为jpg图片，如图9-44所示。

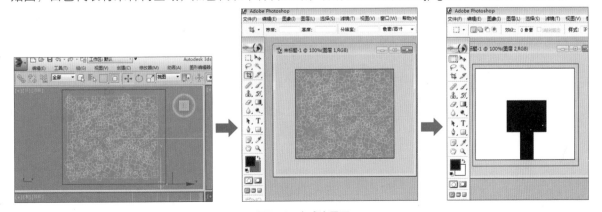

图9-44　完成遮罩图

在3ds MAX中，为分布的遮罩选项指定位图，将PhotoShop完成的遮罩黑白图片贴入，如图9-45所示。

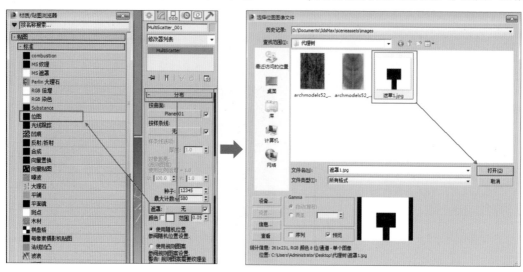

图9-45　贴入遮罩图

受遮罩图的影响，场景中间黑色区域不再散布树木，按8键，调出环境设置面板，将背景色改为灰色，渲染查看效果，如图9-46所示。这种遮罩的方法，只要细心绘制树木生长的黑白图，就可以精确地控制树木分布的位置。

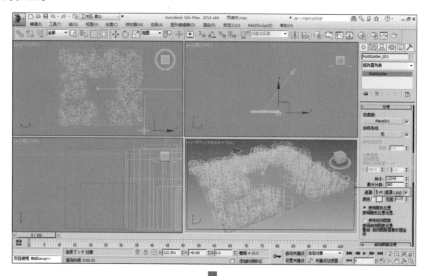

图9-46　遮罩后的效果

取消遮罩贴图的选择，遮罩贴图失效。

第二种方法是使用边界样条线命令，通过绘制的样条线控制散布的范围。在顶视图绘制二维样条线，将样条线封闭，如图9-47所示。

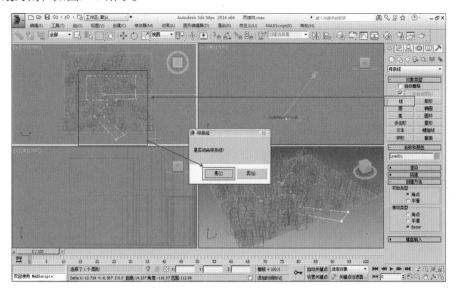

图9-47 创建散布区域样条线

将绘制完成的样条线选择加入，渲染场景完成，如图9-48所示。如果勾选"反向"，样条线内部将会产生分布物体。

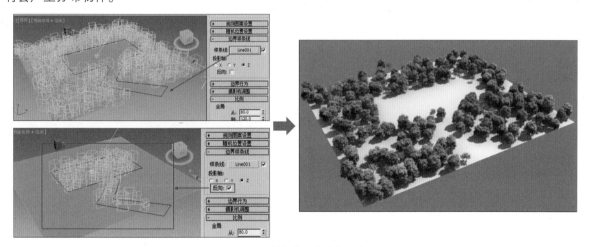

图9-48 样条线影响散布区域

黑白贴图遮罩控制与样条线控制散布区域有各自的优缺点。黑白贴图适合大面积精细化控制散布的位置，贴图改变了，散布位置自动改变，实现了PhotoShop绘制与三维场景的同步；样条线控制散布适用于较为简单的场景，实现速度快。

大面积树木材质是多样性的，当需要两种植物材质时，可以将代理树木进行复制，给它修改材质，实现同一种树木形状，不同材质的效果。

将树木代理物体复制，打开材质编辑器，使用吸管工具吸入代理的材质，如图9-49所示。

拖曳复制材质样本球，对新材质球进行重命名，将新样本球指定给刚复制的代理植物，这样两个代理植物就有了各自不同的材质，将新材质树叶的颜色改为黄绿色，如图9-50所示。

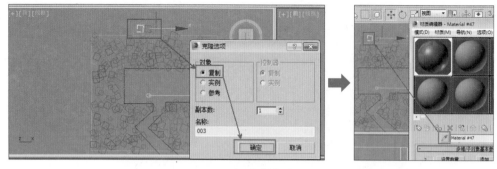

图9-49　复制代理

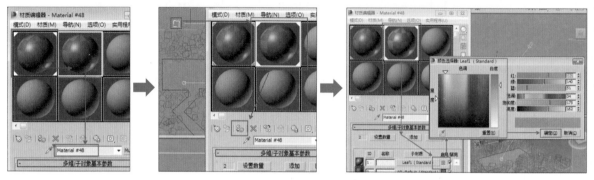

图9-50　更改代理材质颜色

选择MultiScatter百万种树物体，将新代理加入散布对象列表，渲染场景，黄色树叶植物引入完成，如图9-51所示。

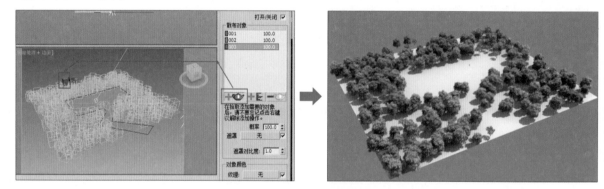

图9-51　增加黄色树叶代理

通过修改散布对象的"概率"数值，可以控制黄叶子树木散布的数量比例，如图9-52所示。

图9-52　散布对象"概率"调整

MultiScatter百万种树插件常用命令实例完成。

9.1.4 Forest森林插件

Forest是3D Studio Max的外挂插件，用来生成大量树和植物的解决方案。虽然SpeedTree插件也能创造出漂亮的树但SpeedTree完成的植物，起码要有数千个面，Forest能创造数千棵树的森林而只占用很少一部分资源，森林插件如图9-53所示。

图9-53 森林插件

Forest插件开发公司官方网站为http://www.itoosoft.com，其中有Forest相关信息和其他免费插件。Forest插件的一些特征如下。

① 树被创造在有纹理的平面物体上，所以只需少量的资源，渲染速度很快。当然也能自定义网格。

② Forest是使用样条线去定义种植树的区域，可以使用多重样条线去定义包括或排除的区域。

③ 树的分布可由位图来管理，可以创造自定义的分布模板位图。从线到有规则的群组或完全无序的表面。这个插件包含了一些样板分布贴图但也接受用户创造的位图。

④ Forest能与相机连接，所以所有的树都能面向相机相交。这个能解决当相机从它们身上移动过去时因为观察平面物体角度变化而产生的问题（即不会因为相机角度变化而穿帮，因为这些树是建立在平面物体上，就是说正面看到树，反面什么也没有，侧面看到只是一条线）。

⑤ 最小资源的利用，树的分布受到相机观察视野的限制，这使得用户能够创造百万树的森林而速度很快，在帧外面的树不会浪费场景的资源。

⑥ 树能自动分布在任何表面上（不规则地形等）。

⑦ 在表面上根据海拔和坡度的范围界定（树）元素。

⑧ 材质ID可以固定，也可以根据用户定义的范围随机化，使单个Forest物体能创造不同类型的植物。

⑨ 树的位置、大小、旋转随机变化。

使用Forest完成的森林效果，如图9-54所示。

图9-54 森林效果

Forest插件安装，方法如下。

下面先学习一下Forest安装过程，相关教学及学习资源，读者可以登录华信教育资源网（http://www.hxedu.com.cn），注册后进行下载。

双击Forest安装程序，单击"Next"按钮直到安装完成，提示注册信息时，请参考安装文件夹中的安装方法说明，如图9-55所示。

图9-55　安装过程截图

Forest安装完成后，计算机会有两个地方变化。

第一，在3ds MAX根目录下会增加一个Itoo Software文件夹，内含树木与灌木贴图文件，这个是Forest安装程序提供的贴图文件，如图9-56所示。

第二，3ds MAX的命令面板增加了Itoo Software选项，如图9-57所示。

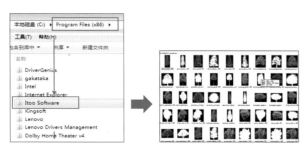

图9-56　贴图文件

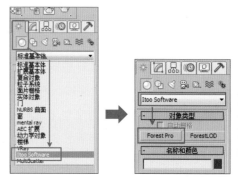

图9-57　Itoo Software

如果发现这两个地方不同，说明Forest插件安装正确。

下面通过一个实例来学习Forest的工作流程。

创建一个平面物体作为场景地面，画出两个二维曲线。二维曲线代表森林覆盖的范围，大曲线内部的小曲线区域是不生长植物的区域（如水面、沙地等），如图9-58所示。

使用创建命令面板的森林专业版工具单击大的森林分布曲线，如图9-59所示。曲线内部出现森林物体。

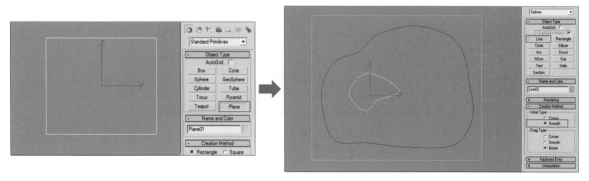

图9-58　地面

进入修改面板，对森林参数进行修改。先调整树的大小，调整大小时不需要考虑树木分布的疏密情况，如图9-59所示。

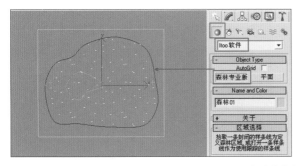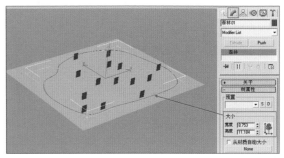

图9-59 创建森林物体及调整树的大小

修改森林物体的形状，一个平面、两个平面或其他网格形状，这里使用两个平面。选择两个平面后发现场景没有改变，这是由于平面有正面和反面（反面默认情况是透明的）之分，为了便于观察，覆给森林一个双面材质，如图9-60所示。

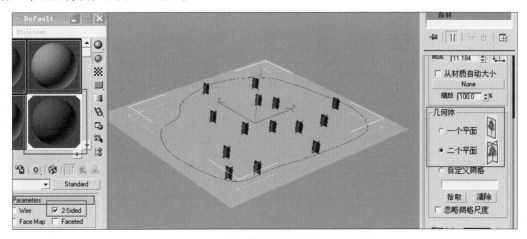

图9-60 双面材质

进入"区域"展卷栏，拾取排除区域的样条曲线，森林将不会在排除区域产生，如图9-61所示。

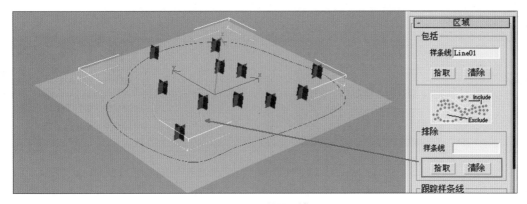

图9-61 设置区域

进入"分配贴图"展卷栏，选择森林植物随机分布的贴图（贴图种类较多），调整下方的像素X数值可改变森林的疏密关系，如图9-62所示。

进入"变换"展卷栏，对森林树木的大小进行随机控制，如图9-63所示。树木高矮错落，显得更加自然。

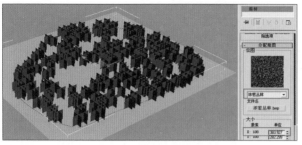

图9-62　改变疏密关系　　　　　　　　　　　　　　　图9-63　随机控制

森林树木材质应该是多种多样的，可以进入材质展卷栏修改材质的随机性，这里的数字是配合多维子物体材质的ID号使用的（如1～3代表材质ID号1～3随机分布材质）。将森林材质球改为多维子物体材质类型，将其前三个ID号的材质球默认颜色改为三种不同的颜色，而且都勾选双面材质，如图9-64所示。

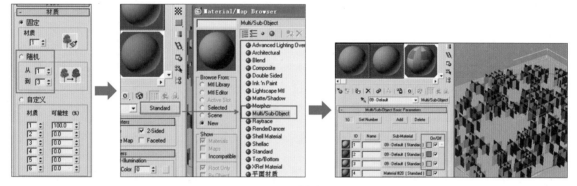

图9-64　材质

为树木赋予材质。进入不同的ID号，为树木的漫反射通道和透明度通道分别贴图树木彩色与黑白贴图，将自发光修改为100，如图9-65所示。

其他两种树贴图制作方法与ID1树木相同。注意树木可有嫩绿、深绿、浅黄等颜色，如图9-66所示。

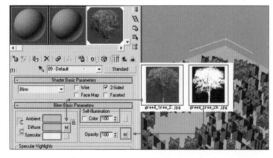
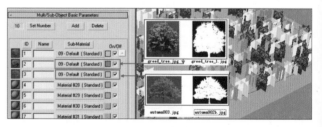

图9-65　贴图　　　　　　　　　　　　　　　　　　　图9-66　颜色

为场景架设灯光。创建目标平行光，调整灯光的光束衰减范围，使其能将整个森林照射，如图9-67所示。

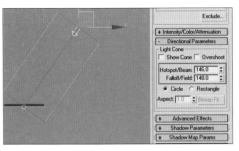 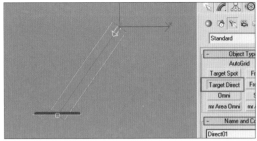

图9-67　灯光

选择阴影后测试渲染，发现阴影是十字架平面阴影，这是由于阴影贴图类型不支持透明贴图，如图9-68所示。

图9-68　阴影

可将阴影类型改为X阴影类型，X阴影类型是安装Forest插件后新增加的阴影类型，它对目标平行光有效（不支持泛光灯和目标聚光灯），如图9-69所示。

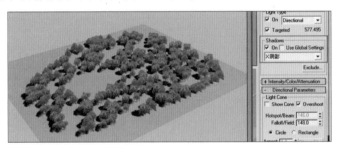

图9-69　X阴影

灯光中密度参数控制阴影的密度，默认值是1，密度降低后阴影会更加柔和透光。X阴影参数中的尺寸控制阴影的清晰度，默认值512像素，值越高阴影约清晰。调整参数后渲染，如图9-70所示。

图9-70　调整参数后渲染

Forest能够快速将植物种植在山地上，首先需要将地形平面改成山地模型。选择平面物体，按下

Alt+Q组合键进入孤立模式，在修改面板增加平面物体段数，如图9-71所示。

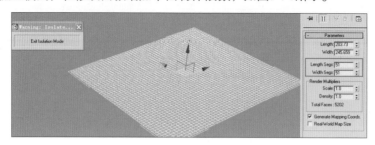

图9-71　增加段数

选择平面，单击右键，将其转换为可编辑的多边形，使用绘制变形工具将山地地形绘制出来，如图9-72所示。笔刷强度值和笔刷范围大小可自行设置。

图9-72　绘制地形

绘制时笔刷强度可以适当小一些，容易控制，绘制好的山地模型如图9-73所示。

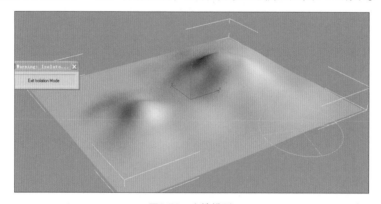

图9-73　山地模型

单击Exit Isolation Mode按钮退出孤立模式，发现树木有些被淹没在山地中，如图9-74所示。

图9-74　有些树木被山地淹没

选择森林物体，在修改面板进入曲面展卷栏，拾取山地曲面，树木自动生长在山上，如图9-75所示。

图9-75　树木生长在山地上

使用海拔限制功能，还能根据山地的高度限制植物生长，如图9-76所示。

图9-76　海拔限制

场景增加摄像机后，如果让森林物体拾取摄像机，能够让植物的正面永远垂直于摄像机，摄像机改变位置时，树木也会旋转保证正面朝向摄像机，如图9-77所示。

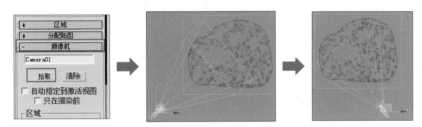

图9-77　正面朝向摄像机

这时，森林物体一个平面与两个平面渲染效果相同，如图9-78所示。

图9-78　渲染效果

Forest插件优缺点分析如下。

优点：适合大面积鸟瞰或远景使用，对于大面积植物完成速度最快，森林分布随机自然，树木材质、大小容易控制，X阴影类型能比较真实地再现植物透明度贴图阴影，能快速完成高低不平地面的树木创建。

缺点：由于植物是由贴图模拟完成，不适合近景植物表现；不宜使用摄像机过高或从上而下的垂直镜头。树木位置根据分布贴图自动生成，无法进行单棵植物自由移动摆放。有时与3ds MAX版本兼容性不好，容易渲染跳出。

Forest插件其实是贴图完成树木植物的功能增强，贴图完成植物与森林完成相比操作速度慢一些，但贴图完成操作简单，读者在工作中可以相互结合，灵活使用。

9.1.5　三维植物模型

有些近景的植物会通过合并植物模型方法来解决，如常见的荷花模型，如图9-79所示。本书配套资料中，在本章的三维植物模型文件夹中，有常用的三维植物模型。

图9-79　荷花模型

棕榈植物模型，如图9-80所示。

图9-80　棕榈模型

路边棕榈植物和广告牌、红绿灯模型，如图9-81所示。

图9-81　棕榈植物和广告牌、红绿灯模型

棕榈植物组团模型，如图9-82所示。

图9-82　棕榈组团模型

不同颜色的路边绿化带植物模型，如图9-83所示。

图9-83　绿化带植物模型

花坛植物、鹅卵石与小草模型，如图9-84所示。

图9-84　花坛植物、鹅卵石与小草模型

花丛植物模型，如图9-85和图9-86所示。

图9-85　花丛模型1

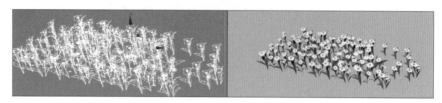

图9-86　花丛模型2

竹子模型，如图9-87所示。

其他近景装饰植物模型，如图9-88所示。

图9-87　竹子模型

图9-88　其他近景装饰植物模型

以上植物模型都在本书配套资源文件夹中，读者可选择使用。

使用植物模型优缺点分析如下。

优点：模型细腻真实，摄像机无拍摄角度限制，适合近景植物表现。

缺点：面数较多，不适合大面积使用。

9.2　人物解决方案

建筑、环境、人形成一个和谐共处的空间。建筑动画中的人物虽然不是动画表现的主体，但对建筑场景真实再现、建筑功能体现、氛围烘托都有着十分重要的作用。没有人物的建筑动画作品将会缺乏生机和亲和力。

一个建筑动画步行街街景镜头，由于有生动真实的动态人物存在，显得生机盎然、贴近生活，如图9-89所示。

图9-89 步行街

建筑动画中的人物一般可通过使用贴图、RPC插件、人物模型三种方法解决。

9.2.1 贴图完成人物

使用贴图完成人物与上一节使用贴图完成植物操作方法基本相同，都是创建单个平面物体后，将人物的彩色和黑白图片分别贴入漫反射通道和透明度通道。与贴图完成植物不同的是不要使用十字叉平面贴入角色贴图，侧面观察会非常失真。

角色彩色与黑白贴图可从本书配套资源文件夹中获取，如图9-90所示。

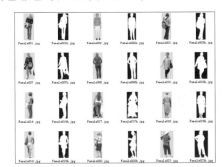
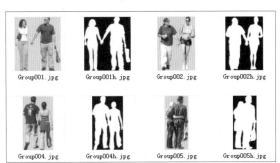

图9-90 角色彩色与黑白贴图

商业街上熙熙攘攘的人物就是通过贴图模拟完成的，如图9-91所示。

图9-91 商业街效果

贴图完成人物优缺点分析如下。

优点：一个平面贴图完成，计算速度快；贴图为真实照片，人物效果真实；适合大面积推拉镜头使用。

缺点：人物是静态图片，不能运动；摄像机旋转到侧面时容易失真，不能在垂直或过高角度拍摄。

9.2.2 RPC插件完成人物

RPC全息模型库是建筑动画不可缺少的制作利器，它功能强大，可以轻松地为三维场景加入人物、动物或植物等有生命的配景，以及车辆、动态喷泉和各种生活中常用的设施。其操作极其简单，用鼠标拖曳即可完成模型的创建工作，并能在灯光下产生真实的投影和反射效果，动态的模型库甚至可以轻而易举地给人物车辆等创建动作，渲染速度非常快，为建筑动画的制作提供了极大的方便，如图9-92所示。

图9-92　RPC全息模型库插件

RPC插件适用于3ds MAX、3DVIZ、Softimage、Lightwave等三维制作软件。

RPC为场景添加人物前后的画面效果，如图9-93所示。

图9-93　RPC应用效果

下面介绍RPC全息模型插件的安装与使用方法。

进入RPC文件夹中，并运行RPC安装程序，如图9-94所示。

图9-94　运行安装程序

接受软件安装协议后选择需要安装到3ds Max的版本信息，继续单击"Next"按钮直到安装完成，如图9-95所示。

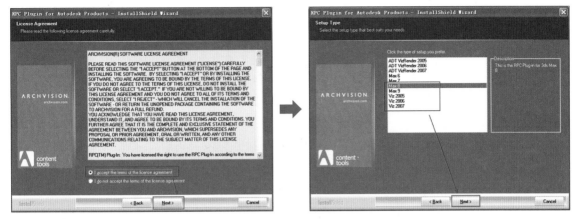

图9-95　安装过程

重新启动软件，在创建三维物体列表中新增加了RPC选项。单击创建RPC物体命令，发现面板下面RPC模型库是空白的，RPC物体不能创建，如图9-96所示。

RPC物体库内是空白的原因是：刚才只是安装了RPC的插件接口文件，并没有将需要的RPC人物物体放入到RPC库中。

下面将RPC的人物模型文件放入到RPC库中。将模型库文件夹打开，选择模型库文件，将它们复制到maps文件夹中，如图9-97所示。注意：不能将模型库文件夹复制到maps文件夹中，那样操作RPC插件将无法检测到模型库文件。

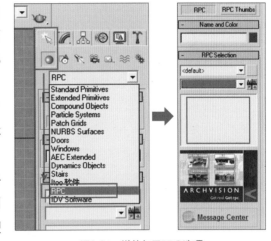

图9-96　增的加了RPC选项

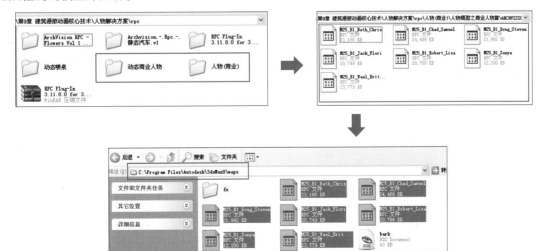

图9-97　复制RPC模型文件

重新运行3ds MAX软件，再次创建RPC物体，这时，RPC库中就有了刚才复制到maps文件夹中的RPC物体，如图9-98所示。

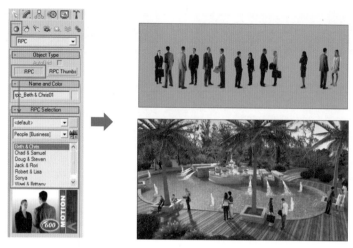

图9-98　可调用的RPC模型库

动态RPC人物与静态RPC人物的区别是：动态人物会在原地进行简单动作。如两个人在交谈、打电话、取皮包里的东西等。

RPC全息模型库完成人物优缺点分析如下。

优点：渲染速度快；自动旋转与渲染画面平行；使用动态人物库有原地动画效果。

缺点：不能俯视人物；不能编辑角色的动作。

9.2.3　三维人物模型

为了能更好地模拟三维场景效果，可以将三维人物模型合并到建筑动画场景中，直接使用或简单编辑后使用。如图9-99所示，是国内一线建筑动画公司使用的三维动画人物模型。

图9-99　三维人物模型

使用三维角色模型完成步行街与行人，如图9-100所示。

图9-100　步行街与行人

三维人物模型的使用方法如下。

由于人物模型库使用的场景单位是米，所以在创建建筑场景时，需要将其场景单位也设置为米。如图9-101所示，选择"自定义"菜单中的"单位设置"命令，将场景尺寸单位修改为米。

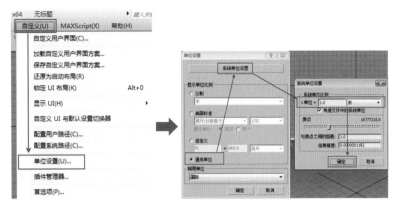

图9-101　将场景单位设置为米

如果建筑动画场景没有将场景单位改为米，合并进来的三维角色模型可能会发生扭曲，这是由于场景单位和角色骨骼绑定单位不匹配造成的，如图9-102所示。

图9-102　单位不匹配导致的模型错误

使用"文件"菜单"导入"命令中的"合并"工具，选择需要合并到场景的人物模型，打开后选择全部物体，对其进行合并导入，如图9-103所示。配套资源文件夹中提供了三维人物模型和贴图文件。

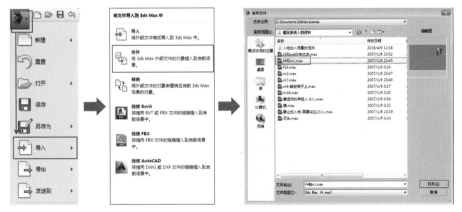

图9-103　导入合并模型

模型合并后，发现模型贴图可能丢失，这时，需要选择配置用户路径命令，打开配置用户路径对话框，单击添加按钮，将其路径指向配套资源文件夹中的People-map人物贴图文件夹，如图9-104所示。

 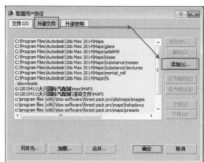 

图9-104　添加导入模型贴图路径

对场景进行快速渲染后，发现贴图已经正常，如图9-105所示。当物体贴图丢失时，使用用户路径设置，将贴图路径指向物体贴图放置的文件夹，这是快速解决贴图丢失的方法。

对角色物体整体位置的移动和行走方向的修改可以通过移动或旋转角色底部的绿色虚拟Box物体来进行，如图9-106所示。使用文件合并命令可以将更多的三维角色合并到场景中。

本书配套资源文件夹中提供的三维角色模型，如图9-107所示。

图9-105　贴图正确显示

图9-106　角色的移动和行走

 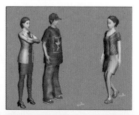

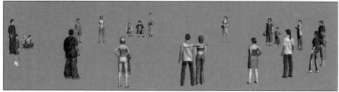

图9-107　三维角色模型

为了方便没有修改场景单位的建筑动画场景需求，本书提供了可以随意缩放大小的动态人物模型，如图9-108所示。

图9-108　可缩放大小的动态人物模型

使用方法是：将模型合并入场景后，选择模型，进入修改面板，单击设置点缓存指向模型目录下的点缓存文件，单击打开按钮后完成，如图9-109所示。

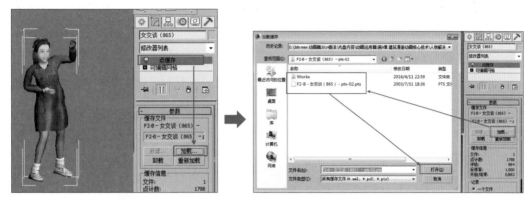

图9-109　加载相应的点缓存文件

播放动画后，模型在完成各种点缓存动作，使用移动和缩放工具能够对模型进行随意的移动缩放操作，方便实用。

本书提供的可缩放动画模型，如图9-110所示。

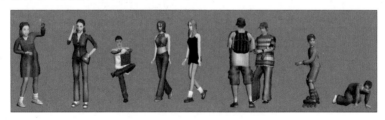

图9-110　可缩放的角色动画模型

三维模型完成场景人物优缺点分析如下。

优点：三维人物和三维场景浑然天成，真实自然；人物动作形象逼真；由于是三维真实模型，所以不受摄像机角度限制，即使是俯视镜头也能轻松表现；比较适合近景、中景人物模拟时使用。

缺点：相对平面贴图和RPC人物表现，三维模型完成使用面数最多，不适合大面积使用；三维人物模型种类相对比较有限，重新创建三维人物比较耗时，骨骼绑定动画完成难度较大。

9.3　车辆解决方案

车辆在建筑动画中也扮演着十分重要的作用。它不仅能够让动画场面更加真实自然，还是感觉场景空间比例大小、实现镜头自如切换的表现工具与手段。如图9-111所示，天安门前，车辆川流不息。红色汽车本来是室内装饰物体，通过镜头切换后，成为社区林荫道路上奔跑的汽车，镜头变换巧妙自然。

图9-111 车辆

通常可以通过两种方式完成场景中的车辆模型，使用RPC全息模型库和使用三维车辆模型。

9.3.1 RPC全息模型库

上一节使用RPC完成了场景中的人物角色，同样可以使用RPC全息模型完成场景中的车辆，如图9-112所示。

图9-112 RPC插件中的车辆

下面学习一下RPC插件完成车辆的使用方法。

选择本书配套资源文件夹中本章的汽车RPC文件，复制到maps文件夹中，如图9-113所示。如果3ds MAX安装在其他目录，就将RPC文件复制到相应目录的maps文件夹中。

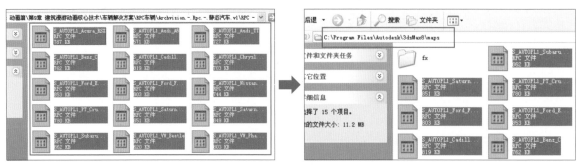

图9-113 复制RPC车辆到maps文件夹

在创建三维形体列表中找到RPC物体，选择需要的汽车模型在场景中创建，RPC模型在视图中都以灰色模型显示，如图9-114所示。

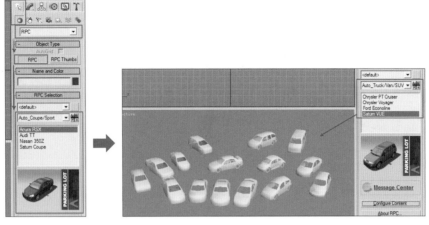

图9-114　车辆模型创建

使用渲染工具，对场景进行渲染，车辆材质完美呈现，如图9-115所示。

图9-115　本书提供的常用汽车RPC模型

将RPC汽车设置路径动画或关键帧动画就可以在建筑动画中行驶了。

RPC模型库完成车辆优缺点分析如下。

优点：渲染速度快，节省场景多边形数量；车辆真实度较高；适合中远景静止和行驶车辆。

缺点：车门不能打开、车轮在汽车运动时无法转动；车漆材质不能随意更改；不适合精度要求较高的近景车辆特写镜头使用。

9.3.2　三维车辆模型

三维车辆模型上每一个细节都由真实模型构成，在动画表现中适合精度要求较高的情况。可以使用合并Merge命令将本书配套资源文件夹中的汽车模型合并到三维场景中，如图9-116所示。

图9-116　三维汽车模型

可以使用材质编辑器中的吸管工具吸取车身材质，并对其颜色进行修改，如图9-117所示，达到符合画面色彩要求的效果。

图9-117　更改车辆颜色

在本书配套资源文件夹中还提供了简模汽车模型，与RPC汽车模型比较类似，不同之处在于不用使用RPC插件程序，直接将简模车合并到场景中就可以使用了，比较方便，如图9-118所示。

图9-118　简模汽车模型

本书配套资料中船模型的使用方法和汽车模型相同，有些船只模型是3ds MAX文件类型，需要使用文件菜单的"导入"命令导入使用，如图9-119所示。

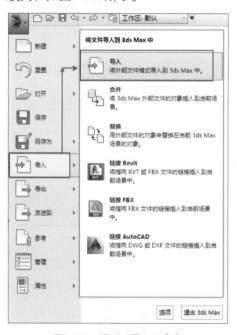

图9-119　模型"导入"命令

本节配套资料提供的船只模型，如图9-120所示。

三维模型完成车辆、船只优缺点分析如下。

优点：车轮能够设置转动动画；车身材质可以更改；适合近景特写动画镜头使用。

缺点：三维物体面数较多，计算速度较慢，不适合中远景大量使用。

图9-120　船只模型

9.4　复杂场景管理技术——图层管理场景

建筑动画场景是一个艺术化处理过的真实世界。

真实世界中的各种不同物体都可在三维虚拟世界中存在，如虚拟建筑、景观树木、行人、车辆、道路、辅助设施等，如何对它们进行有效合理的分类管理，成为完成复杂建筑动画场景设计不得不解决的问题。

没有对场景进行有效的管理，会出现以下情况。

① 计算机需要同时显示和交互所创建的所有物体，随着场景内容增加、细节深入，计算机视图操作、交互速度将变得越来越慢，简单的平移或旋转一下视图可能就要等待很久，卡机现象越来越明显，以至于没有足够的耐心继续深入细化作品。

② 场景物体越来越多，选择物体、隐藏物体、冻结物体很不方便，工作效率随着场景的丰富将变得越来越低。

同样配置的计算机，在进行良好的场景管理后，设计者能够用它完成一座城市所有建筑的动画场景，而且还能交互自如，在复杂的场景中寻找某个特定的物体简单高效；未进行场景管理或场景管理混乱的设计者，可能在完成一个小小的街区后，就陷入交互速度缓慢、细节无法深入的痛苦之中。如图9-121所示，为建筑漫游中的复杂场景。

图9-121　复杂的三维场景

不要过度埋怨计算机硬件配置好坏，需注意复杂场景的有效管理。

3ds MAX有功能强大的场景管理工具，在主工具栏上有图层管理场景工具。图层管理面板主要工具介绍，如图9-122所示。

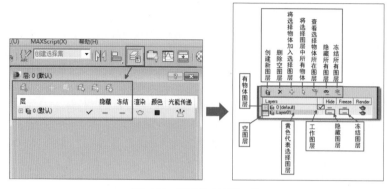

图9-122　图层管理主要工具

① 创建新图层：默认场景只有一个图层，可以单击该命令创建新的图层，并可以双击图层名称对其进行中文重命名。

② 删除空图层：对不包含物体的图层可以使用该命令删除，默认图层即使是空的也不能删除。

③ 将选择物体加入选择图层：该命令用于物体在图层之间移动操作。操作方法是：选择需要移动图层的物体，激活需要移动到的目标图层，单击该命令完成。

④ 将选择图层中所有物体：用于选择同一图层中的物体。

⑤ 查看选择物体所在图层：当不知道选择的物体在哪个图层时，用该命令查看，物体所在图层将以黄色显示。

⑥ 隐藏、冻结所有图层：隐藏或冻结场景中的所有图层。

⑦ 有物体图层：图层名称前有加号代表有物体，可单击加号图标将图层物体展开显示，如图9-123所示。有物体图层不能使用删除图层工具删除。

⑧ 空图层：没有任何物体的图层，空图层可以使用删除工具删除。

⑨ 工作图层：有对钩的图层为工作图层，新创建的物体会自动放置在工作图层中。

⑩ 隐藏、冻结单个图层：单击图层后方隐藏、冻结下的横线可以隐藏或冻结单个图层。

一个场景的管理会根据场景的需要来创建图层。例如，场景中的建筑可能会放在一个图层，建筑较多的话可以根据位置或建筑功能放入多个图层。

通常划分图层的项目有：建筑、地面设施、人物、车辆、植物花卉、灯光摄像机等图层，如图9-124所示。分层的多少以场景的复杂程度与是否能提高操作效率来决定。

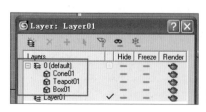

图9-123　有物体的图层

图9-124　通常划分图层的项目

9.5　团队建筑动画工作流程

建筑动画制作过程是一项涉及三维技术、合成技术、视听语言艺术相结合的艺术创作过程。它所使用的插件、软件、声音画面处理项目很多，客户一般都要求以最快的速度完成动画制作，在较短的时间完成建筑动画的创作，团队协作成为又快又好地完成建筑动画表现的最佳途径。

在一个动画项目开始时，项目主管对项目进行资料收集与动画风格定位，模型部门开始完成动画简单模型（框架模型），框架模型完成后对模型进行分工，将简单模型分解后由不同模型制作人员同时完成精细模型；同时，动画制作人员根据完成的简单模型完成动画预演，并与项目主管、艺术总监完成简模样片；样片通过后进行配音；当成品样片客户通过时，场景的精细模型已经完成，替换原有的简单模型画面，动画成片完成。建筑动画团队分工，如图9-125所示。

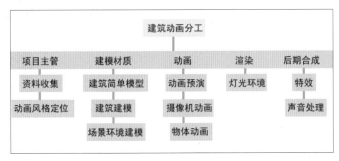

图9-125　建筑动画团队分工

各个动画部门在项目一开始，就都有与项目相关的任务需要完成，直到最后，各个部门同时完成所有任务，这是团队高效协作的最佳境界。如同五六个运动员扛着一段圆木一起跑步，需要让他们同时出发，并且能够同时到达终点。

建筑动画中整个场景模型无疑是整个项目中最耗费时间的工作，也是最需要团队完成的部分。一个城市规划的项目楼房、街道设施、植物景观很多，如果一个人完成的话可能要半个月时间，如果五个人同时制作模型，只需要三天时间。

下面学习一下团队完成场景模型的工作流程。

一位团队成员根据项目资料完成场景简单模型。长方体代表楼房的高度和位置，建筑、规划道路、地形、植物都属于简单模型范围。场景建模类似绘制素描时对场景的抓形，力求形体准确，如图9-126所示。

图9-126　简单模型

另外一种风格的简单模型，即线框式简单模型，如图9-127所示。

根据建模人员的数量对简单模型场景进行拆分，分配给团队人员同时进行模型细化。一般建模分配可分为：地形环境、建筑A区、建筑B区等。地形环境人员可直接在简单模型上细化模型，建筑A区需要将A区建筑建模选择，使用文件菜单的"保存选定对象"命令将A区建筑简模存储

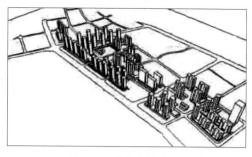

图9-127　线框式简单模型

成另外文件，负责A区建筑细化人员将文件复制后细化模型，使用同样方法对其他区域简模进行拆分，如图9-128所示。

负责不同建筑区域的人员同时开始细化场景、建筑模型。建模完成后，负责地形环境人员使用3ds MAX文件菜单的合并命令将建筑A区、B区等模型合并到地形环境3ds MAX文件中，如图9-129所示。由于有简单模型作为位置大小参考，合并进来的建筑模型位置大小与原始要求完全吻合。合并前可以将拆分给其他设计人员完成的建筑A区、B区的建模删除。

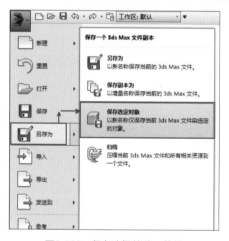

图9-128　保存选择的分区简模

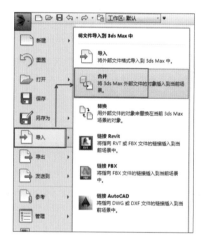

图9-129　将团队成员完成的模型合并到同一场景

合并进来的建筑场景文件由于不是在同一计算机上完成的，可能会出现贴图丢失的情况，可参考9.6节内容解决。

建筑简单模型完成后，还可以提供给动画人员制作摄像机动画，完成样片，样片通过后，可将摄像机物体合并到最终完成好的成品模型中去，提高工作效率。

9.6　场景文件的打包与贴图收集

3ds MAX存盘的场景文件包含模型、材质贴图、灯光、动画等信息，其中，使用的贴图文件是不包含在3ds Max存盘文件中的，换句话说，3ds MAX存盘文件中不包含所使用的贴图文件。

所以，当设计人员将完成的3ds MAX文件从一台计算机转移到另外一台计算机时，由于该3ds MAX文件所使用的贴图没有一起转移，打开3ds MAX文件时，会提示贴图丢失，如图9-130所示。

解决贴图文件丢失的方法有两种：3ds MAX文件归档和贴图收集。

① 3ds MAX文件归档：将3ds MAX场景使用的外部贴图文件进行归档打包，形成一个压缩包，将

形成的压缩包移动到其他计算机上解压缩，由于贴图文件和贴图路径都被打包文件带走，在其他计算机上打开压缩包内的3ds MAX文件时，所有3ds MAX文件内容将不会丢失，操作如图9-131所示。

图9-130　贴图丢失提示

图9-131　场景文件打包

② 贴图收集：贴图收集命令不会形成压缩包，它能将3ds MAX场景所使用的外部贴图文件收集到指定的文件夹中。资源收集器命令在工具命令面板上，如图9-132所示。

激活贴图收集命令后，出现贴图收集命令参数，如图9-133所示。主要参数如下。

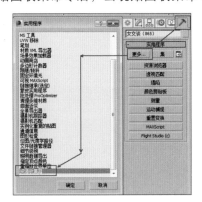

图9-132　资源收集器

图9-133　收集的目录与内容

① 浏览：设置贴图收集目标文件夹，也就是贴图收集的位置。

② 资源选项：贴图收集选项。

③ 开始：开始收集。收集操作时间很快，它会把贴图、光子、3ds MAX文件复制到指定的目标文件夹中，将这个目标文件夹转移到其他计算机，3ds MAX场景贴图文件能够全部转移，不会出现贴图丢失。

团队完成同一动画项目时，3ds MAX文件在不同计算机上转移是十分常见的，文件转移时，都需要进行文件归档或贴图收集。

9.7　天空处理技术

建筑动画是一个虚拟的三维世界，天空自然也在这个虚拟的三维世界之中。建筑动画中天空的分类特别多，按时间分可分为清晨天空、正午天空、傍晚和夜景天空；按天气变化可分为晴朗与下雨天空、雷电交加、乌云密布天空；按特技处理可分为正常时间天空、时间加速、风起云涌天空。由此可见，不同效果的天空处理，是动画叙事流程与画面艺术效果展现的重要手段，如图9-134所示。

图9-134 不同效果的天空

建筑动画中天空处理方法与镜头的旋转运动关系密切，主要有下面几种。

① 当摄像机向前平推时，天空有两个方法完成，3ds MAX贴图完成和AE（After Effects）后期软件完成。3ds MAX贴图完成是指在摄像机平推方向创建平面物体，贴入天空贴图，将天空材质改为100自发光材质，如图9-135所示。

天空在AE后期处理软件中完成是指，在3ds MAX中不创建天空物体，渲染输出时选择TGA或RLA图像格式，保留TGA或RLA图像格式的Alpha通道格式，如图9-136所示。这样渲染出来的TGA序列文件在AE软件中天空部分将是透明的，可以在AE中将天空背景完成。

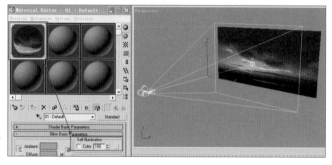

图9-135 平面贴图完成的天空

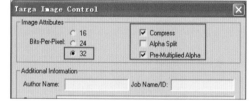

图9-136 渲染保留的Alpha通道

本书配套资源文件夹中有大量平面天空贴图，如图9-137所示。

图9-137 天空贴图资料

② 当摄像机大范围旋转动画时，需要在三维世界中模拟半球形天空。具体操作方法是：在3ds MAX中创建球形物体，右键将球体转化为可编辑的多边形，在可编辑多边形的顶点级别将球体一半删除，如图9-138所示。

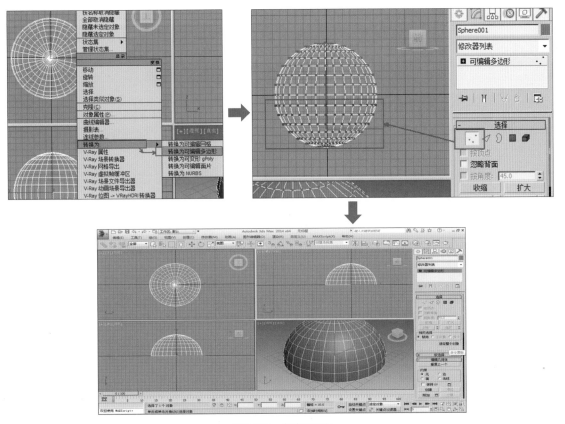

图9-138 半球形天空

进入半球编辑多边形的面级别，选择半球所有的面，使用反转法线命令将面的法线反转，在球体上单击右键，进入对象属性面板，勾选"背面消隐"选项，球体背面隐藏，如图9-139所示。法线反转后的半球能看到它的内表面。

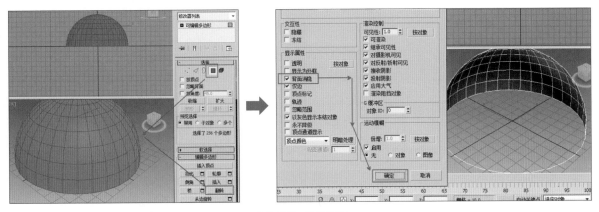

图9-139 法线反转

将一张360度天空贴图贴到半球物体上，材质自发光为100%，为半球物体添加UVW贴图坐标修改器，将贴图坐标改为圆柱形贴图坐标，如图9-140所示。天空贴图可从本书配套资源文件夹中获取。

根据摄像机画面构图需求，天空过高时，天空由上到下颜色过渡不够明显，可以增加FFD 2×2×2命令，进入控制点级别，选择上面的4个控制点，向下移动控制点，将天空压低，如图9-141所示。

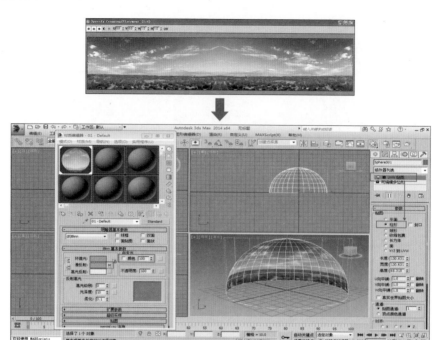

图9-140 球天贴图

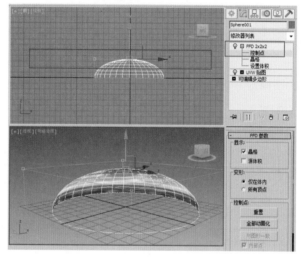

图9-141 使用FFD变形工具压低天空

将摄像机架设在球体内，创建简单陆地后渲染，如图9-142所示。

图9-142 测试渲染

摄像机360度随意渲染后发现，一个类似真实的天空完成了，如图9-143所示。

图9-143　圆球模拟天空完成

配套资源文件夹中提供了较多的180度和360度天空贴图，可在天空制作中参考使用，如图9-144所示。180度是只满足摄像机180度旋转时使用。

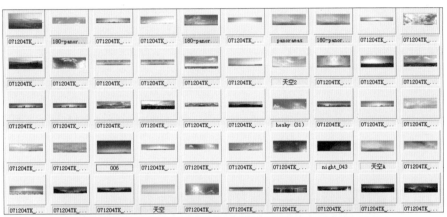

图9-144　配套天空贴图资源

③ 动态天空。有时需要模拟时光飞快流逝，流云涌动的效果，本章文件夹中提供了动态天空文件，动态天空使用可以增强画面的艺术效果，如图9-145所示。

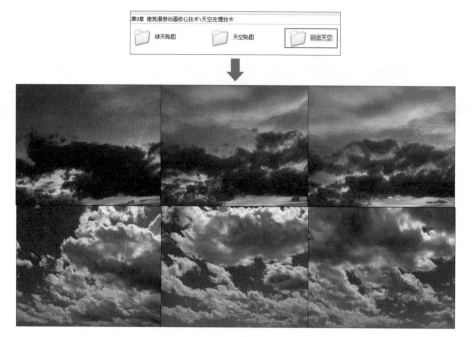

图9-145　动态天空

9.8　景观环境营造——模型库的运用

建筑动画场景中，建筑以外的环境设施不是表现的主题，但是没有它们场景会显得不够真实。制作场景环境物体是比较费时的过程，配套资源文件夹中提供了一些常见的景观环境物体，可以将它合并到场景中使用。

常见的户外休闲座椅模型，如图9-146所示。

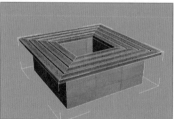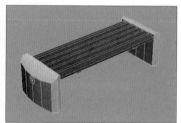

图9-146　休闲座椅模型

太阳伞下的座椅、垃圾桶与草坪灯模型，如图9-147所示。

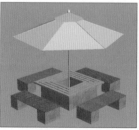

图9-147　座椅、垃圾桶与草坪灯模型

入口大门、警务室模型，如图9-148所示。

图9-148　入口大门、警务室模型

水上亭子、栈桥、水车和浮桥模型，如图9-149所示。

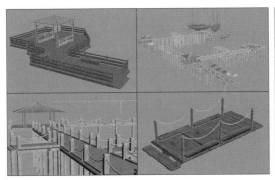

图9-149　水上亭子、栈桥、水车和浮桥模型

休闲平台和户外网球场地模型，如图9-150所示。

广告栏、路灯和庭院走廊模型，如图9-151所示。

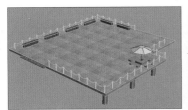

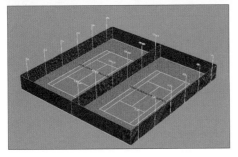

图9-150　休闲平台和户外网球场模型

图9-151　广告栏、路灯和庭院走廊模型

思考题

1．简述建筑动画树木、人物、车辆的解决方案和优缺点？

2．天空处理方法在建筑动画的艺术风格中体现的重要作用是什么？半球天空是如何制作完成的？

3．建筑动画创作过程中，如何发挥团队的协作作用？团队协作过程中，3ds MAX文件管理可能会出现什么问题，应如何解决？

Chapter 10

建筑动画中的特效运用

本章重点

- 了解建筑动画水面、喷泉解决方案。
- 了解脚本动画完成建筑生长和时光流逝特效。
- 掌握水墨、冲击波、烟花效果完成技法。

学习目的

　　建筑动画片是建筑艺术片，是建筑空间表现与视听艺术的完美结合。除了要准确表现建筑结构特征，耳目一新的视觉效果也是建筑动画永远不变的追求。如何能够吸引观众、打动观众同样是建筑漫游动画表现研究的重点。本章主要学习建筑漫游动画中特效物体、镜头的创建技巧与方法，提高建筑动画的视觉冲击力。

10.1　喷泉、叠水、水面模拟技巧

　　喷泉、叠水、水面镜头是建筑动画中经常运用的镜头。水的制作效果直接影响到整个建筑动画视觉效果表现和真实性表现。水的表现类型和方式很广，建筑动画中，水的特效常用于喷泉效果、瀑布流水效果、湖泊效果、海面、园林观赏水池等效果的表现，如图10-1所示。

图10-1　喷泉特效

生态、宁静的湖面效果，能提升动画的感染力，如图10-2所示。

图10-2　宁静湖面

10.1.1　喷泉制作方法

　　喷泉有两种处理方法：RPC全息喷泉库和3ds Max粒子系统模拟。

　　（1）RPC全息模型库模拟喷泉效果，如图10-3所示。

图10-3　RPC模拟喷泉效果

　　第一次使用RPC全息模型库时需要安装RPC插件，具体安装方法可以参照上一章汽车、人物解决方案中RPC安装部分。

RPC插件安装完成后，将RPC喷泉模型文件复制到3ds Max安装目录中的maps文件夹中，RPC喷泉模型文件可参考使用本书配套资源，如图10-4所示。

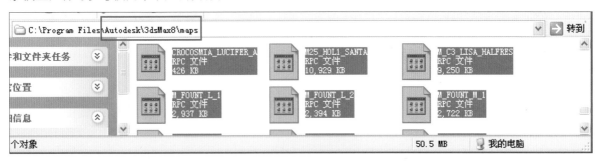

图10-4　RPC喷泉模型文件

复制完成以后，重新运行3ds Max，在创建命令面板中选择RPC喷泉物体创建，如图10-5所示。在不同时间段进行渲染，动态喷泉效果出现，喷泉大小可以使用缩放工具自由改变。

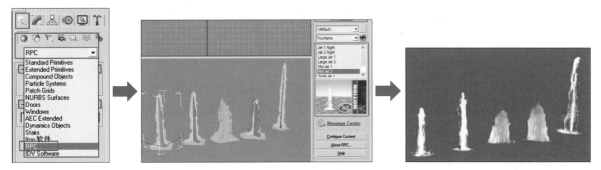

图10-5　创建喷泉模型

同样类型的喷泉复制后效果完全相同，可以分别选择喷泉物体后，在修改面板中改变Start Frame起始帧来调整喷泉的随机效果，如图10-6所示。

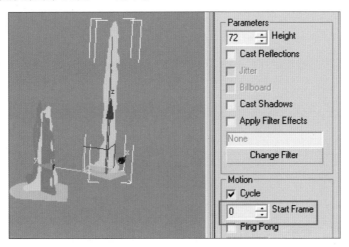

图10-6　创建喷泉随机效果

RPC完成喷泉的优、缺点分析如下。

优点：操作简单、方便，真实度较高，渲染速度快。

缺点：不能设计喷泉样式与碰撞效果，可编辑性差，俯视时效果失真严重。

（2）粒子系统模拟喷泉效果如图10-7所示。

图10-7　粒子系统模拟喷泉

粒子系统完成喷泉效果能较好的控制喷射的强弱、方向及喷射点的动画，如图10-8所示。

图10-8　粒子系统模拟喷泉特点

粒子系统完成喷泉，一般使用喷射。为了模拟喷泉受重力影响的效果，通常需要创建空间扭曲物体力中的重力效果；为了模拟喷泉碰到石头等物体反弹的效果，可以使用导向器中的导向球和导向板物体；重力与导向器空间扭曲物体创建后，都需要使用主工具栏上的绑定到空间扭曲物体上工具与喷射粒子绑定，绑定完成后才能影响粒子物体，如图10-9所示。

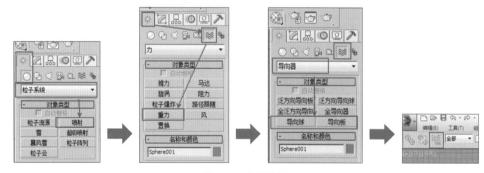

图10-9　参数设置

常用的挡板物体介绍如下。

① 导向球（SDeflector）：适应球形物体，如完成喷泉喷到大理石球体上反弹，创建与大理石球体相同大小的球形挡板，放置到与大理石物体重叠的位置，绑定到粒子上，在修改面板上适当调整弹力

后完成。

② 导向板（Deflector）：平面挡板，模拟地面、桌面、屋顶等物体。

③ 全泛方向导向（Udeflector）：泛方向挡板，适应不规则反弹物体，创建后，在修改面板中使用拾取物体工具拾取任何形状的几何体，这个几何体就能成为粒子的挡板物体。

粒子系统模拟喷泉时一般还需要使用运动模糊效果，选择粒子喷射物体后右键单击并选择Properties命令进入属性面板，可使用Object（物体）或Image（图像）的形式进行运动模糊，如图10-10所示。图像运动模糊模式下可调整Mutiplier（倍增）数值更改模糊强弱，粒子系统参数可参见本书第6章。

完成的喷泉效果如图10-11所示。

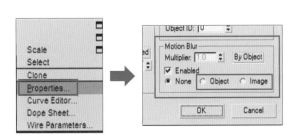

图10-10　粒子运动模糊

图10-11　完成的喷泉效果

夜景效果中的喷泉如图10-12所示。

图10-12　夜景效果中的喷泉

10.1.2　叠水制作方法

叠水效果也是常用的景观表现手法，通常可以使用粒子系统和动态贴图两种方法完成叠水效果，如图10-13所示。

图10-13　叠水

（1）使用粒子系统完成叠水效果

创建较长的Spray（喷射）粒子发射器，赋予粒子自发光100%的白色材质，适当调整粒子数量、大小、方向等参数，在物体属性中将粒子运动模糊开启，测试渲染后调整模糊倍增数值，如图10-14所示。

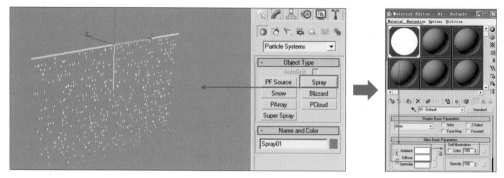

图10-14　创建喷射粒子发射器

旋转粒子发射方向，绑定重力空间扭曲物体，可模拟粒子向前喷射下落的效果，如图10-15所示。使用粒子系统完成的叠水、瀑布效果，如图10-16所示。

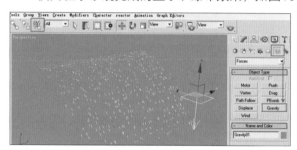

图10-15　添加重力效果

图10-16　完成效果

（2）使用动态贴图完成叠水效果

本书配套资源的本章文件夹中有动态叠水AVI文件，如图10-17所示。

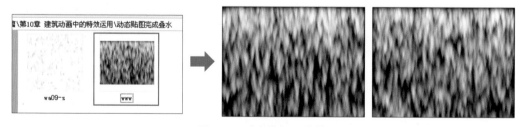

图10-17　动态叠水AVI文件

将动态叠水文件贴入叠水材质的Opacity透明度贴图通道中，如图10-18所示。

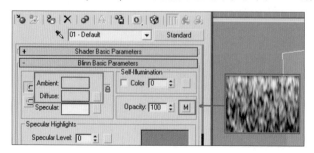

图10-18　贴入透明度通道

使用动态贴图模拟的叠水效果如图10-19所示。

图10-19 动态贴图叠水完成效果

夜景喷泉、叠水处理效果参考如图10-20所示。

图10-20 夜景叠水效果

10.1.3 水面模拟技巧

建筑动画中，水面效果模拟是非常重要的。水代表生机、活力、自然，建筑的阳刚与水面的柔美是静与动的完美结合，共同营造令人神往的艺术境界。动画短片杭州印象中水面艺术效果如图10-21所示。

没有水的建筑是废墟，没有水面处理的建筑动画也会缺少生机。

图10-21 杭州印象中水面效果

水面效果的模拟是通过创建材质完成的，下面介绍水面建模材质过程。

创建平面物体，模拟水面模型，将某个空白材质球赋予平面物体，如图10-22所示。

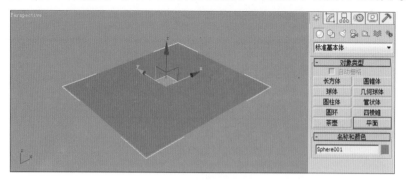

图10-22　创建平面物体

调整材质球的颜色，颜色可根据动画艺术要求而更改，调整材质的高光级别和光泽度，光泽度的调整是为了实现波光粼粼的效果，进入材质的Maps贴图展卷栏，在Reflection反射贴图通道中贴入Raytrace光线跟踪反射贴图，如图10-23所示。

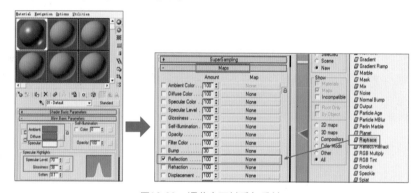

图10-23　调节水面材质与反射

随意创建几个物体，模拟水面漂浮物体后渲染，发现水面倒影有了，但很不真实，没有水面的自然纹理，如图10-24所示。

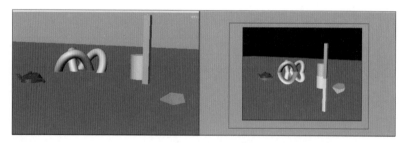

图10-24　倒影不真实

在贴图Bump凹凸通道中贴入Noise噪波贴图，模拟水面凹凸不平，如图10-25所示。

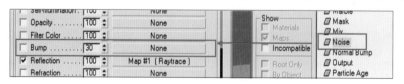

图10-25　模拟水面凹凸不平

渲染画面，发现波纹太大，可以通过Noise噪波中的Size参数调节波纹大小，自动关键帧动画记录

Phase偏移参数可以模拟波纹荡漾效果，如图10-26所示。

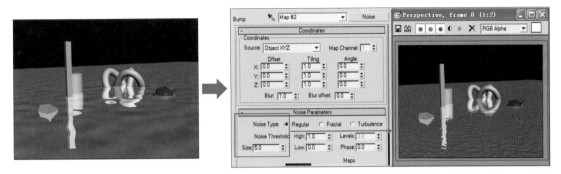

图10-26　波纹荡漾效果

　　水面效果和它的环境因素关系密切，第一次完成水面时要有足够的耐心调整各种参数，由于水面靠反射贴图模拟，球天、建筑、植物环境模型是决定水面反射的关键。

　　不同环境下的水面效果，如图10-27所示。

图10-27　不同环境下的水面效果

　　建筑动画中艺术处理后的水面，如图10-28所示。

图10-28　艺术处理后的水面

　　宁静湖面艺术氛围，如图10-29所示。

图10-29　宁静湖面艺术氛围

建筑与湖水效果，如图10-30所示。

图10-30　建筑与湖水

10.2　下雨、下雪、雷电特效

下雨、下雪、雷电效果是丰富建筑动画视觉元素、提升动画艺术效果的表现手段。

有变化才能吸引和打动观众，时空变化、季节变化、天气变化都是建筑动画的表现范畴，制作过程中可以根据需要灵活运用，如图10-31所示。

图10-31　天气变化

下雨、下雪效果都可以在3ds MAX中单独创建并渲染出来，然后通过After Effects后期合成软件将其与建筑动画画面合成。需要确立一个观念，在三维软件中是在做一个个镜头或镜头中的元素，最终通过After Effects等后期软件处理、剪辑\输出成片；如果直接从3ds MAX输出成品，不经过后期处理，很难成为优秀的动画作品。

下面学习下雨特效的制作方法：

创建平面Spray喷射物体，调整适当视角和粒子大小，赋予粒子自发光100%的材质，在粒子属性面板上开启运动模糊，如图10-32所示。

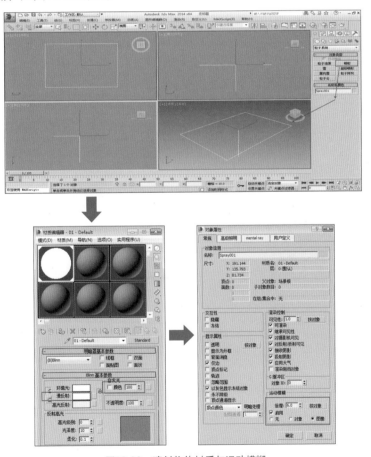

图10-32　喷射物体材质与运动模糊

渲染查看下雨效果，满意后可调整动画帧速率为25帧每秒，长度为200帧，也就是8秒（输出时间长度根据需要调整），渲染输出AVI或TGA序列文件，如图10-33所示。

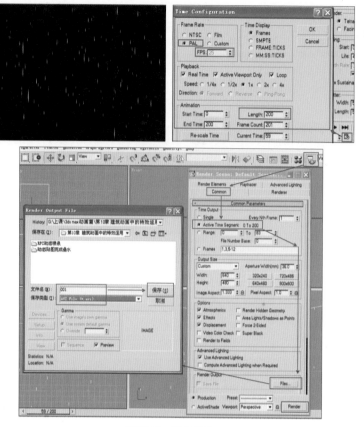

图10-33　渲染输出

运行After Effects软件，新建一个Composition合成项目窗口，调整动画项目的长、宽像素及时间长度，如图10-34所示。

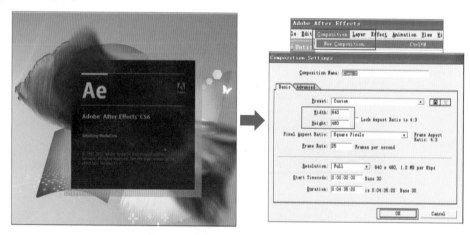

图10-34　After Effects软件中新建合成

双击素材窗口的空白区域，弹出添加素材窗口，将下雨和背景素材加入，将素材按一上一下移动到时间线上，在时间线上选择下雨素材后单击右键，将下雨素材的Blending Mode（混合模式）改为Screen（屏幕）模式（黑色透明，白色保留），如图10-35所示。

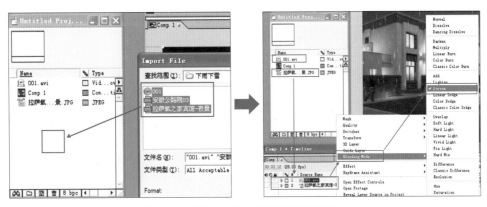

图10-35　导入素材与修改下雨素材叠加模式

拖动时间线预览，下雨效果出现，如图10-36所示。

练习过程中若有疑问可参考After Effects源文件，如图10-37所示，为下雨效果参考图。

图10-36　下雨效果

图10-37　源文件与效果参考图

下雪效果与下雨效果制作原理大致相同，不同的是将粒子的渲染类型由四边形改为Facing面状，如图10-38所示。

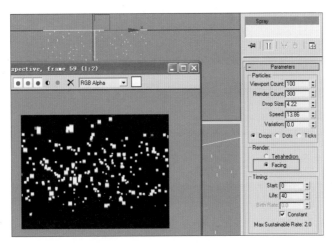

图10-38　更改粒子类型为面状

将材质的Opacity透明度通道中贴入Gradient渐变贴图，渐变贴图类型改为Radial发射状态，如图10-39所示。

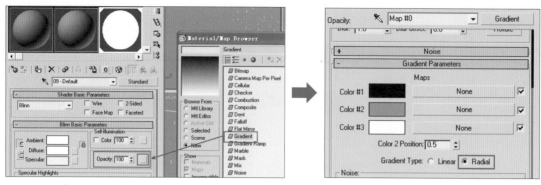

图10-39　创建贴图

渲染后如图10-40所示。

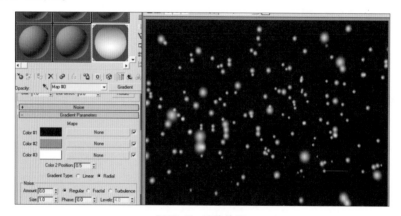

图10-40　渲染效果

后面下雪输出合成部分与下雨效果相同，最终结果如图10-41所示。

图10-41　合成后效果

雪景参考图如图10-42所示。

图10-42　雪景参考图

建筑动画中闪电效果可以通过闪电天空背景完成，如图10-43所示。闪电天空动态文件参考本书配套资源文件夹。

图10-43 闪电天空背景素材

10.3 建筑动画中水墨的处理方案

水墨效果模拟是近年来动画表现的热门话题，水墨动画是现代三维技术与历史传统绘画艺术的完美结合。不管是建筑动画，还是栏目包装动画，水墨动画效果都发挥了令人称赞的艺术效果，如图10-44所示。

图10-44 水墨效果

央视栏目包装水墨动画宣传片，如图10-45所示。

图10-45 央视栏目宣传片

RenderDancer系列是一款中国画风格的材质渲染器，可以将任意模型渲染成水墨的效果，并且支持动画渲染，使中国传统的水墨艺术在3ds MAX平台上得以延续，传统水墨动画的瓶颈将不复存在，在中国CG艺术逐渐被世界接受的同时，中国传统艺术登上国际舞台也是必然的，如图10-46所示。

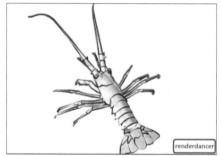

图10-46 RenderDancer插件

下面介绍用三维水墨插件RenderDancer完成水墨材质模拟的方法。

插件安装。将插件RenderDancer.dlt复制到3ds Max8\stdplugs目录中，插件文件可在本书配套资源文件夹中获取，如图10-47所示。

图10-47 插件安装

插件调用。插件调用由两个部分构成：① 打开3ds MAX，选择Material Editor，单击Standard→RanderDancer材质类型；② 按下数字8键选择Rendering环境面板，进入Effects（效果）选项，选择RanderDancer渲染特效，如图10-48所示。

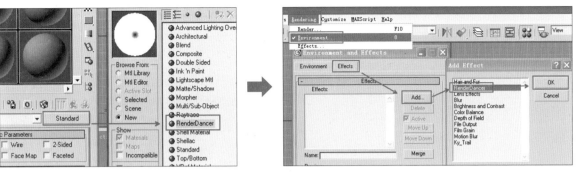

图10-48　插件调用

随意创建茶壶物体后，将默认水墨材质赋予物体后渲染，茶壶水墨效果出现，如图10-49所示。

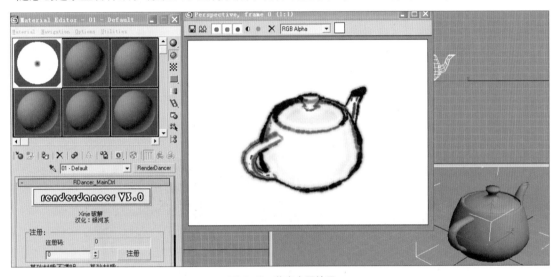

图10-49　茶壶水墨效果

主要参数分析如下。

① 基础材质不透明：数值为1时，基础材质全部透明；数值为0.5时，基础材质半透明，如图10-50所示。

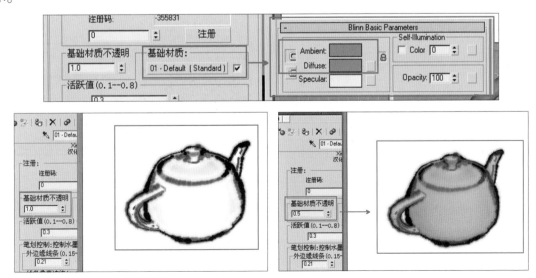

图10-50　基础材质不透明

② 活跃值：控制动画渲染时水墨抖动。数值为0.1时，动画抖动比较剧烈，数值为0.8时，动画抖动轻微，如图10-51所示。

③ 画笔连续：数值越大画笔连续性越好，如图10-52所示。

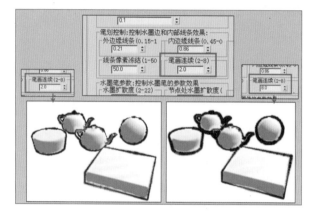

图10-51　活跃值　　　　　　　　　　　　　　图10-52　画笔连续

④ 纸张颜色：默认为白色，可更改为喜欢的其他颜色，如图10-53所示。

图10-53　纸张颜色

⑤ 明暗感光度：灯光影响明暗的程度，数值越小灯光影响物体明暗越小，如图10-54所示。

将水墨材质赋予建筑动画场景物体，能够产生淡雅中显神韵的水墨动画效果。

本书配套资源文件夹中提供了水墨相关图片资料，可在后期动画处理中参考使用，如图10-55所示。

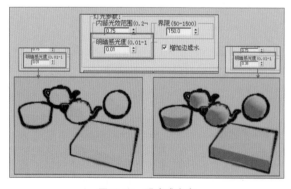

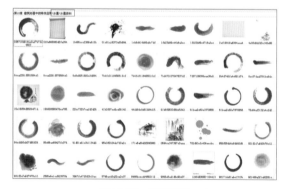

图10-54　明暗感光度　　　　　　　　　　　　图10-55　配套资源

国产动画短片《夏》中水墨效果欣赏，如图10-56所示。

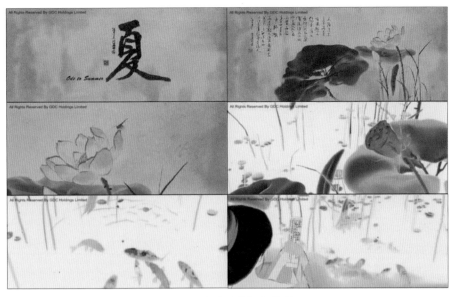

图10-56　国产动画短片《夏》

10.4　建筑生长和时光流逝特效

建筑生长与时光流逝特效通常用来演示施工进度、分解建筑结构、压缩动画时空表现。建筑结构一般比较复杂，建筑生长动画能自动生成建筑零部件自动装配的关键帧动画，达到令人耳目一新的动画效果，建筑生长和时光流逝动画的运用，是提高建筑动画整体科技感的有效手段，如图10-57所示。

图10-57　建筑生长与时光流逝

10.4.1　建筑生长

建筑生长和时光流逝都属于3ds MAX脚本插件动画，脚本插件由编程人员编写，本书配套资源文件夹中提供了建筑生长与时光流逝脚本程序，可供学习使用。

脚本插件程序不需要安装，只需要在3ds MAX中运行脚本就可以了，如图10-58所示。单击MAXScript菜单，选择运行脚本命令。

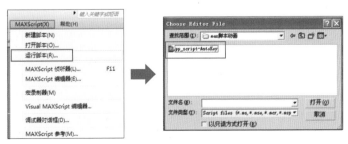

图10-58　运行脚本

脚本运行后，3ds MAX自动弹出建筑生长和时光流逝脚本插件浮动面板，建筑生长主要命令解释如图10-59所示。

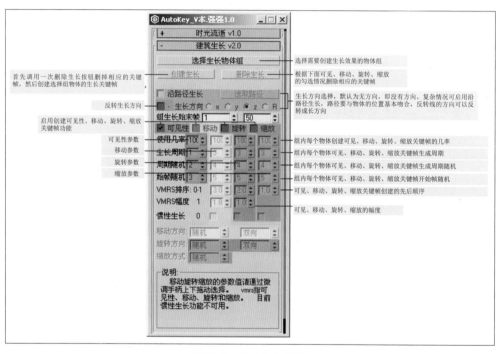

图10-59　脚本命令介绍

建筑生长动画的简易工作流程如下。

创建建筑模型，模型最好用堆积木的方法完成；如果使用编辑多边形细分的建筑模型，需要将模型的生长元素部件分别分离，形成多个物体。

图10-60　群组要生长的物体

将需要使用建筑生长的模型选择后群组，如图10-60所示。

运行脚本后，使用选择生长物体组工具选择场景中群组后的建筑物体，设置建筑生长的始末时间，勾选建筑生长的关键帧类型，如果将可见性、移动、旋转、缩放全部勾选，会出现复杂奇妙的建筑生长效果，如图10-61所示。

单击创建生长命令，播放3ds MAX场景动画，查看动画效果，如不满意可以单击删除生长命令，再重新修改、创建建筑生长。注意：

图10-61　设定生长参数

建筑生长效果满意后才能关闭脚本插件面板。

建筑生长效果可参考本书配套资源文件夹中的3ds MAX文件，如图10-62所示。

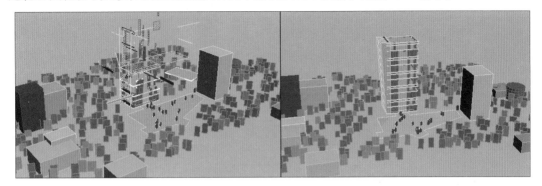

图10-62　配套资源生长范例

建筑生长效果参考，如图10-63所示。

图10-63　建筑生长效果参考

建筑生长动画不仅可以使用在建筑上，还可使用在栏目包装动画中，大家可以灵活运用，如图10-64所示。

图10-64　栏目包装中的模型生长

10.4.2　时光流逝

时光流逝通常用来模拟广场、街道穿梭不停的人流，时光加速，人流不断，如图10-65所示。

图10-65　时光流逝近景

时光流逝脚本插件的主要命令参数，如图10-66所示。

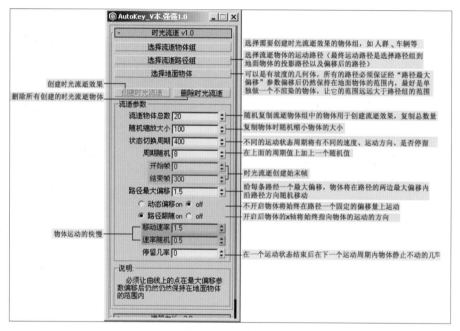

图10-66　参数命令

下面介绍时光流逝的简易工作流程。

创建人物时光流逝的广场物体，广场物体可以使用二维样条线挤出完成。创建人物大小的平面物体，进入层次面板，使用Affect Pivot Only仅影响轴命令将平面的轴心调整到平面底部，贴图模拟人物方法详见第9章，人物的大小、男女老少可由多个平面完成，将人物平面全选后群组，如图10-67所示。

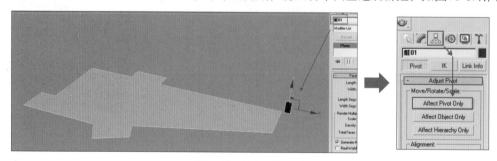

图10-67　创建广场模型

创建人流行走的路径。路径由二维曲线构成，路径完成后也需要群组。注意路径不要离广场地面边缘太近，保留一定距离，如图10-68所示。

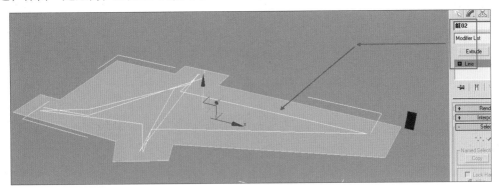

图10-68 创建人流运动路径

运行时光流逝脚本，分别选择流逝物体、路径和地面物体，如图10-69所示。

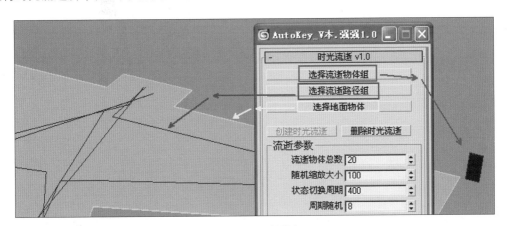

图10-69 运行脚本

修改部分参数后单击创建时光流逝按钮，不满意可删除后重新创建，如图10-70所示。

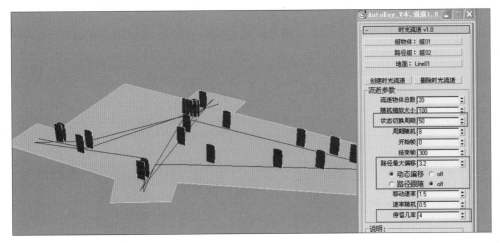

图10-70 参数设置

练习制作时可参考本书配套资源文件夹中的3ds MAX文件。

时光流逝完成步行街人流效果如图10-71所示。

图10-71　效果参考图

10.5　冲击波特效

冲击波特效是建筑动画中虚拟镜头向实体镜头转变的特效，场景一般由概念模型或线框模型向实体模型转变，由中心向外蔓延，类似冲击波效果，如图10-72所示。画面过渡自然、视觉冲击力很强，是场景由概念转变真实的利器。

图10-72　冲击波特效

冲击波特效完成是由变色龙（Chameleon）插件辅助完成的，变色龙插件是一个材质辅助插件。

下面介绍变色龙插件的安装与使用方法。相关教学及学习资源，读者可以从本书配套资源文件夹中获取，如图10-73所示。虽然变色龙插件没有升级，但也能提供给3ds MAX6.0以上版本使用。

图10-73　安装过程

安装完毕，运行3ds MAX后出现错误对话框时，单击"确定"按钮，关闭3ds MAX。进入3ds MAX安装目录的stdplugs文件夹中删除hydrautl.dlu文件，重新启动3ds MAX，如图10-74所示。

图10-74 删除报错文件

变色龙插件安装完成后，会在3ds MAX的材质编辑器材质类型中显示，增加变色龙材质类型；还会在命令面板创建帮助物体中增加变色龙帮助物体，包括球形、长方形、圆柱形帮助物体，如图10-75所示。

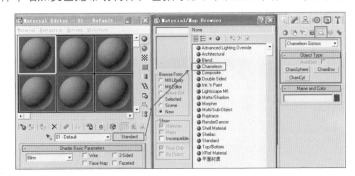

图10-75 安装完成

第一次使用变色龙插件时，可能需要对其进行注册，如图10-76所示。本书配套资源文件夹中提供的软件只是试用版。

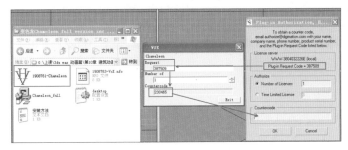

图10-76 插件注册

下面通过简单实例学习使用变色龙材质插件，完成冲击波特效的工作流程。

线框场景物体从中心开始放射光芒，完成线框向实体转变，如图10-77所示。

图10-77 线框向实体转变

这段动画是由3ds MAX完成动画素材，在After Effects中进行后期合成的。

3ds MAX中完成的动画素材如下。

场景线框动画文件和实体动画文件，如图10-78所示。详情参考本书配套资源文件夹中的3ds MAX源文件或渲染文件。

图10-78　渲染线框和实体两种素材

变色龙插件完成的材质遮罩动画文件和光环动画文件如图10-79所示。

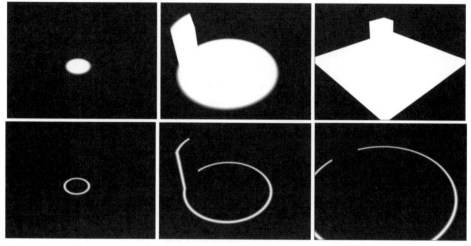

图10-79　变色龙插件完成遮罩和光环

变色龙黑白动画素材的完成方法：将场景物体全部选择，赋予变色龙材质，变色龙材质1改为黑色，材质2改为白色并且100%自发光（单击白色前的Standard进入修改），创建变色龙圆柱形帮助物体，使用材质2的Pick拾取变色龙圆柱形帮助物体，如图10-80所示。

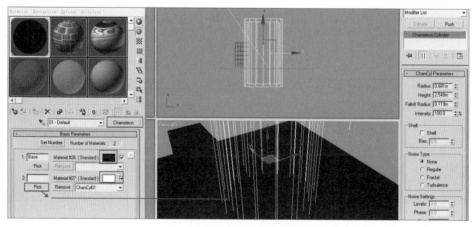

图10-80　素材完成

测试渲染如图10-81所示。

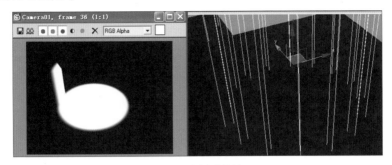

图10-81　测试渲染效果

使用自动关键帧动画，将变色龙线框物体完成半径由小变大的动画效果，如图10-82所示。渲染以后就能得到白色遮罩动画。

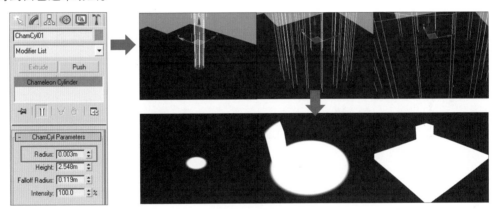

图10-82　圆柱遮罩动画

勾选变色龙圆柱帮助物体的Shell（壳）选项，再次渲染输出，能够完成白色圆环动画素材，如图10-83所示。

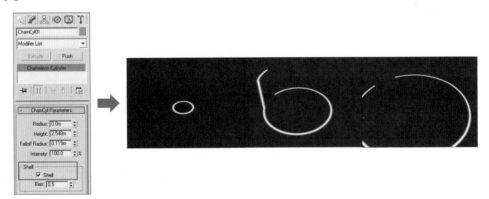

图10-83　圆环遮罩动画

线框、彩色、遮罩、白色圆环动画素材渲染完成后，就可以进入After Effects软件进行后期合成了。动画素材创建过程如有疑问可参见本书配套资源文件夹中的本章源文件。

下面是After Effects合成的制作流程。

创建一个新的合成项目，将合成的项目的画面长-宽像素与时间进行修改，使它与3ds MAX中输出的素材一致，如图10-84所示。

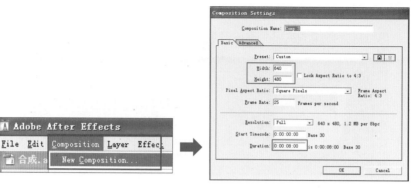

图10-84　After Effects创建合成项目

双击合成素材窗口的空白区域，导入3ds MAX中渲染的动画序列文件，常用的序列文件格式可以是TGA序列和RPF序列，如图10-85所示。导入时注意勾选Sequence选项。

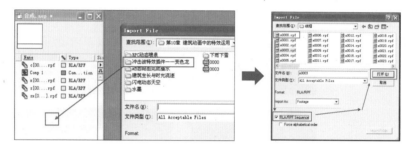

图10-85　导入动画序列文件

选择导入的序列文件后，按下Ctrl+Alt+G组合键设置素材属性，将素材帧速率改为每秒25帧，如图10-86所示。

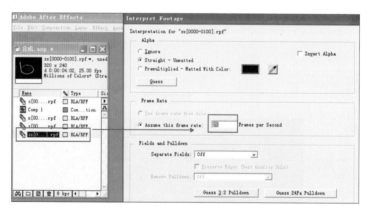

图10-86　设置素材属性

将动画素材依次放入时间线窗口，上下顺序如图10-87所示。

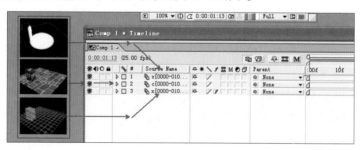

图10-87　素材顺序

单击时间线上Switches/Modes按钮，显示模式与通道工具，如图10-88所示。

单击彩色素材Track Matte工具中的None按钮，选择Luma Matte上一图层的亮度作为本图层遮罩，如图10-89所示。

图10-88 显示模式与通道工具

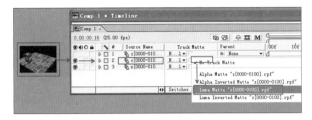

图10-89 设置遮罩

拖动时间线位置，查看预览窗口，实体图层的动态遮罩效果出现，如图10-90所示。

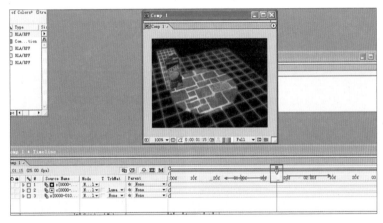

图10-90 效果预演

为了增加变化边界效果，将白色边界环素材移入时间线的最上端，如图10-91所示。并将其混合模式由Normal改为Add叠加模式。

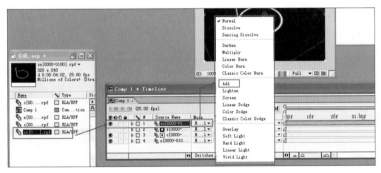

图10-91 更改圆环模式

图10-92 效果预演

再次拖动时间线预览，如图10-92所示。

为了加强边界过渡的光感，可以在白色边界图层增加After Effects的Shine滤镜效果，Shine属于After Effects的滤镜插件，需要单独安装。在白色色环素材上单击右键，选择Effect中的Shine效果滤镜，如图10-93所示。

制作过程中，如有操作细节疑问，可参考本书配套资源文件夹中本章After Effects工程文件。

冲击波效果如图10-94所示。

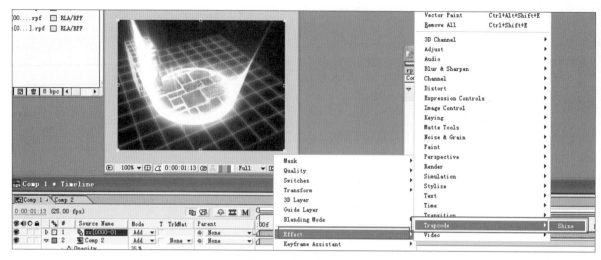

图10-93　添加shine滤镜

冲击波与Shine插件合成效果如图10-95所示。

图10-94　冲击波效果

图10-95　冲击波与shine插件合成效果

10.6　夜景烟花特效

建筑动画烟花效果是夜景片尾镜头的常用特效，它能够很好地渲染动画片的艺术氛围和节日气氛，如图10-96所示。

图10-96　夜景烟花

烟花的效果模拟是通Particle Illusion粒子特效软件实现的，Particle Illusion 运行界面与粒子库如图10-97所示。

图10-97　Particle Illusion运行界面与粒子库

Particle Illusion 是一套分子特效应用软件，使用简单、快速、功能强大、特效丰富，现在有愈来愈多的多媒体制作公司使用 Particle Illusion 的特效，包括武侠剧的打斗效果，Particle Illusion已成为电视台、广告商、动画制作、游戏公司制作特效的必备软件了。如图10-98所示为不同的粒子特效。

图10-98　不同的粒子特效

Particle llusion是一套分子效果系统及合成影像工具，不同于一般所看到的罐头火焰、爆破、云雾等效果，有快速、方便的功能及有趣、多样化的效果，其所创造的粒子视觉效果大量地应用在动画制作、电影特效上。

particle Illusion的工作界面如图10-99所示。

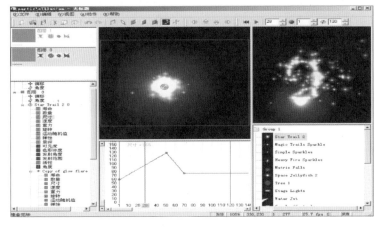

图10-99　工作界面

particle Illusion的2D工作接口非常容易操作，相关的视频教程资料和文字资料很多，读者可以搜索学习，这里不做详细介绍，如图10-100所示。

275

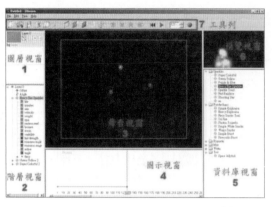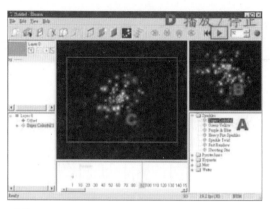

图10-100　工作接口

粒子系统与After Effects配合完成烟花特效工作流程如下。

运行Particle Illusion软件，在粒子库中选择粒子类型，在工作区创建粒子，播放粒子效果，满意后使用主工具栏录制工具录制为AVI动画文件。

在After Effects中将录制好的烟花素材导入，在时间线上，叠加到夜景动画的上一层，单击右键将其图层模式改为Add（叠加）或Screen（屏幕）模式。

夜景烟花效果如图10-101所示。

图10-101　夜景烟花效果

思考题

1. 简述建筑动画中水面、喷泉、下雨特效的解决方案。

2. 简述建筑动画的建筑生长与时光流逝特效的实现方法。

3. 简述冲击波特效与烟花特效的制作思路。

Chapter 11

灯光与渲染技术

本章重点

- 了解建筑动画灯光模拟方案。
- 了解动画预演的方法与作用。
- 了解正式渲染输出格式选择与区别。

学习目的

　　建筑动画场景完成后，需要对场景进行照明，场景照明根据短片剧本的要求各有不同，例如，清晨、中午、傍晚照明特点各不相同，如何模拟各种不同的照明效果是建筑动画灯光技术的关键。灯光照明完成后，需要对动画镜头进行预演和渲染输出，不同的渲染设置和输出文件格式对After Effects后期处理有重要影响，渲染相关知识需要深入了解、灵活运用。

11.1 建筑动画灯光技术

建筑动画中的场景灯光架设不同于静帧建筑表现。

在建筑动画中，运动的摄像机从不同角度来表现场景，灯光表现要求能满足摄像机大幅度运动照明的需要，不能出现曝光过度或照明不足现象。建筑动画灯光章节重点学习日景灯光架设与夜景灯光架设的主要思路。如图11-1所示为照明较好的日景。

图11-1 日景

11.1.1 日景灯光架设

架设灯光应该有一个整体思路，根据这个整体思路来分析如何使用3ds MAX灯光进行模拟。下面，分析一下日景灯光的照明特点。

日景灯光照明有两种情况：阴天或有日光的晴天。

阴天没有太阳，灯光从满天的云彩撒向地面，满天的云彩就像一个巨大的灯箱，发光照亮地面物体，由于天空中没有太阳，所以阴天下的地面物体也没有十分清晰的阴影，如图11-2所示。

有太阳的晴天，除了有满天云彩来进行照明以外，还有一个明亮的太阳，地面物体在外表面任何角度都有云彩的照明，几乎没有纯黑的暗面，而且有一个方向由于受到太阳的照明，会显得分外明亮，太阳在整个天空中占的面积很小，物体受到点照明后，在地上留下了清晰的投影，如图11-3所示。

图11-2 阴天

图11-3 晴天

下面重点研究3ds MAX中模拟满天云彩和太阳发光照亮场景的方法。

3ds MAX中模拟天空中照明用的光可以是天光（Sky Light），但由于天光渲染速度太慢，而建筑动画每秒都要渲染25帧画面，故而不能使用；另外一个模拟天光的方法是使用很多的灯光，专业术语也就是灯光阵列，很多灯光从天空向下照明，模仿阴天云彩照明物体的效果。虚拟太阳照明比较简单，使用目标聚光灯或目标平行光模拟就可以了。

3ds MAX中模拟日光思路：使用聚光灯灯光阵列模拟阴天云彩照明，单独聚光灯模拟太阳。

下面通过一个简单的实例，学习日光下鸟瞰动画场景的照明。

首先完成阴天场景照明。在前视图上完成目标聚光灯，让其照射动画场景，如图11-4所示。

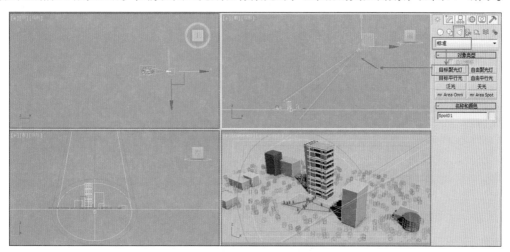

图11-4　创建目标聚光灯

在顶视图选择聚光灯发光点，按Shift键复制，选择"实例"。先完成"十"字形状，再完成为"米"字形状，如图11-5所示。

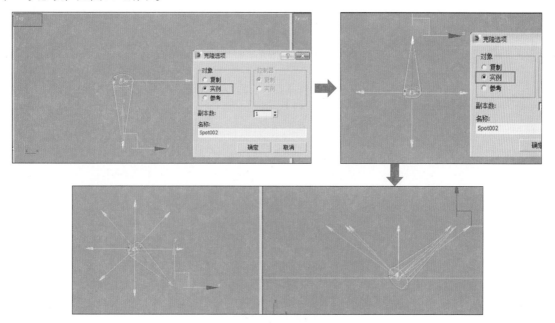

图11-5　灯光复制

为了更好地模拟天空云彩照明的高度层次，再向上复制一层，如图11-6所示。

选择任意一个灯光，选择阴影贴图类型，降低灯光的倍增值，勾选"泛光化"复选框，形成越界照明，渲染场景，阴天的灯光照明完成，如图11-7所示。

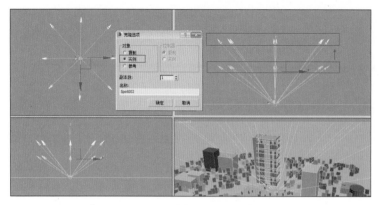

图11-6　两层灯光形成阵列

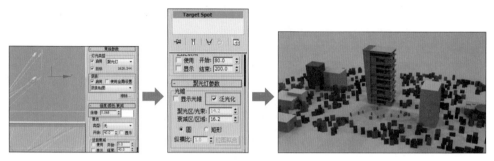

图11-7　阴天效果完成

　　下面完成太阳的灯光照明。

　　在前视图选择环境光中的某个灯光，按Shift键向上复制，增大灯光颜色的倍增值，将阴影贴图参数中阴影的大小改为1500像素（越高阴影越清晰准确），如图11-8所示。为了能在视图上区别灯光，可以将灯光的线框色改为其他颜色。

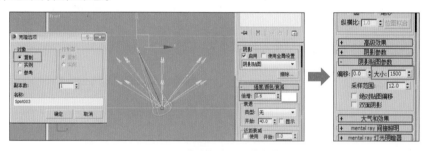

图11-8　复制灯光与调节参数

　　再次渲染场景，日光模拟完成，如图11-9所示。

图11-9　日光模拟完成

其他任何角度渲染，建筑只有暗面和受光面之分，没有缺乏照明的纯黑部分，如图11-10所示。

图11-10　其他角度效果

当动画天空是球天物体时，需要将灯光架设在球体之外，为了避免球体对灯光的影响，可以选择球体物体后单击右键，选择"对象属性"命令，将球体物体的"接收阴影"和"投射阴影"关闭，如图11-11所示。

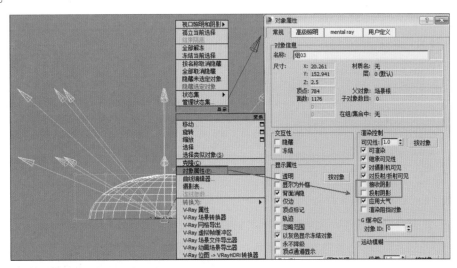

图11-11　设置球天不产生和接收阴影

建筑动画白天日光照明3ds MAX模拟总结如下。

① 先完成阴天照明效果，使用"米"字形布置灯光，上下最少两排，全部使用实例复制（修改一盏灯光参数，其他关联复制的灯光都会改变）；环境光虽然很多，由于使用了实例复制，灯光照明参数调节变得十分方便。

② 环境灯光强度较低，防止曝光。

③ 环境灯光使用阴影贴图阴影类型，勾选泛光化越界照明。

④ 复制完成太阳灯光，注意不要与其他灯光关联，调整太阳灯光的强度、阴影参数细节。

⑤ 灯光应该放在球天的外侧，注意修改球体投射阴影和接收阴影属性。

11.1.2　夜景灯光架设

夜景灯光来源主要以人工照明为主，人工照明物体包括：路灯、灯箱、建筑灯光、车灯、景观照明等。夜景人工照明特点是：光源数量很多，灯光强弱、色调也不尽相同；灯光衰减效果明显，一盏灯光只能照亮灯光周围较近的场景物体。图11-12为夜景照明效果。

图11-12 夜景

根据对夜景灯光的来源、照明特征分析，3ds MAX中可以使用带远距衰减的泛光灯来模拟夜景照明。泛光灯衰减的开启方法是：创建泛光灯后，选择泛光灯并进入修改面板，勾选泛光灯远距衰减中的"使用"选项，泛光灯远距衰减打开，衰减起点和衰减终点可通过开始与结束参数修改，如图11-13所示。

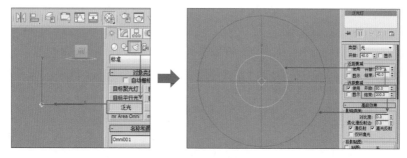

图11-13 泛光灯

夜景表现中泛光灯的数量会很多，一个中等规模鸟瞰场景，灯光数量可能有上百个，一般会按照沿着主要街道、广场、景观带进行照明，如图11-14所示。

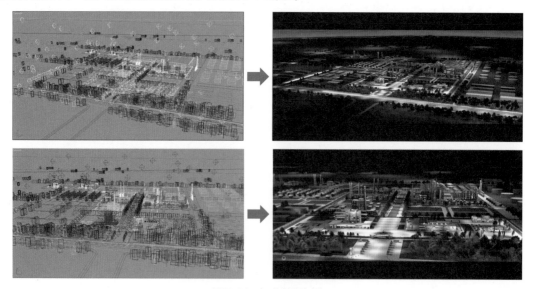

图11-14 灯光布局实例

夜景建筑动画中路灯的光辉、车流线可以通过透明贴图加自发光的材质贴图模拟，如图11-15所示。

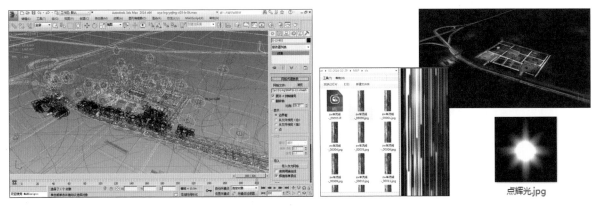

图11-15　车流线与路灯光辉模拟效果

优秀夜景照明风格参考如图11-16所示。

图11-16　优秀夜景照明风格参考图

11.2　渲染输出

3ds MAX中场景、灯光、动画完成后，最终都需要渲染输出。渲染是将三维场景、材质灯光计算生成二维图像的运算过程。

渲染输出有很多方法和格式，对它们的深入了解是进行后期动画合成的前提。

动画渲染输出可分为两类：动画预演输出和动画正式输出。

① 动画预演输出：计算速度较快，不能计算灯光材质真实效果，直接生成AVI动画文件；常用来查看动画镜头与物体运动效果。

② 动画正式输出：计算速度较慢，有较好的灯光材质效果，可生成TGA、RPF、AVI等动画图像文件；常用于输出成品，为后期合成做准备。

11.2.1　动画预览输出

"预览-抓取视口"命令在"工具"菜单下，由"创建预览动画"、"捕获静止图像"、"播放预览动画"和"预览动画另存为"四个命令组成，如图11-17所示。

① 创建预览动画：将场景动画生成动画预览，主要参数有动画预览的时间范围，默认为活动时间段；图像大小，控制输出画面尺寸大小，如图11-18所示。

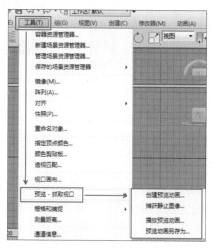

图11-17　动画预览

图11-18　"预览范围"与"图像大小"参数

② 捕获静止图像：用于对3ds MAX激活的工作界面视图进行静态屏幕截图，截图可保存。

③ 播放预览动画：用于查看上次生成的预览。

④ 预览动画另存为：将预览结果另外保存。因为每次生成预览会自动覆盖上次生成的预览文件，如果不重命名，上次预览动画将会被替换。

动画预览是快速查看画面运动效果的重要工具，如图11-19所示。

图11-19　动画预览

11.2.2　动画正式输出

一般在动画正式输出前，会对动画进行预览，查看动画画面有无明显缺陷，防止动画缺陷在正式输出后才被发现，节省修改后再次正式输出的渲染时间。

预览动画完成后，可以对动画进行正式输出。

动画正式输出工作流程如下。

选择主工具栏"渲染"工具，在"公用"面板调整输出的帧数范围和画面尺寸，如图11-20所示。动画时间输出范围通常使用活动时间段选项，或者勾选范围后填入输出的起始帧与结束帧。

选择渲染输出的文件类型，也就是渲染存盘文件类型，渲染存盘文件类型很多，常用的有TGA、RLA、AVI文件类型，如图11-21所示，通常使用TGA文件。

图11-20　正式输出帧数范围和画面尺寸

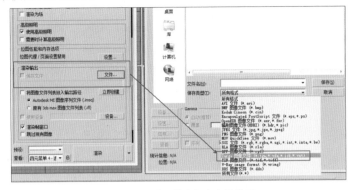

图11-21　动画输出保存文件类型

① TGA：动画图像通用格式，有通道信息，易于后期编辑操作。

② RLA序列文件：含有场景Z通道信息，后期处理时，如果需要Z通道信息建议使用。Z通道是指画面深度通道。如图11-22所示，黑白图为Z通道图，白色与黑色表示Z轴离摄像机位置远近变化。RLA文件所占空间较大。

图11-22　Z深度通道

③ AVI：动画文件，能直接播放动画，没有通道信息，不利于后期编辑。

单击"渲染器"选项卡，将抗锯齿类型由区域改为Catmull-Rom类型。抗锯齿类型改变能让渲染的画面更加清晰，如图11-23所示。

单击"渲染"按钮，动画成品输出开始。动画将从开始帧渲染到结束帧，中等复杂的场景渲染一张画面要5分钟左右，动画渲染是一个耗时较多的图形计算过程，200帧画面耗时五六小时是正常的，如图11-24所示。

图11-23　设置图像抗锯齿类型

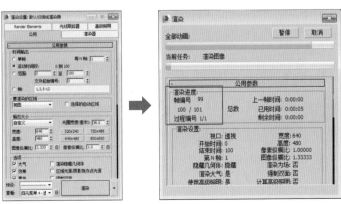

图11-24　正式渲染

TGA或RLA输出的结果是序列帧，可将这些画面导入后期处理软件，如图11-25所示。

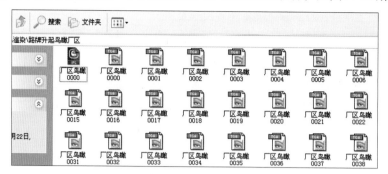

图11-25　渲染成品的序列文件

思考题

1．简述建筑动画的灯光架设思路。

2．动画渲染输出的形式有哪几种？正式渲染输出格式各有什么优缺点？

12 Chapter

建筑动画后期剪辑与输出

本章重点

- 了解后期剪辑工作流程。
- 了解 After Effects常用的操作技法。
- 了解成片输出格式与压缩。

学习目的

    3ds MAX中完成的是动画的一个个镜头、元素，这些镜头、元素需要进行剪辑、艺术处理、组织在一起，再加上动画配音，最终输出能够播放的视频文件，这个动画处理过程统称动画后期处理。动画后期处理通常在After Effects或Premiere等软件中完成，本章主要介绍 After Effects中动画剪辑的工具和流程，介绍视频文件输出的格式与压缩方法。

12.1 After Effects后期处理

Adobe After Effects简称AE，是Adobe公司开发的一个视频剪辑及设计软件。Adobe After Effects 是制作动态影像设计不可或缺的辅助工具，是视频后期合成处理的专业非线性编辑软件。After Effects应用范围广泛，涵盖影片、电影、广告、多媒体及网页等，时下流行的一些电脑游戏，很多都使用它进行合成制作，如图12-1所示为After Effects启动画面。

After Effects同样保留了Adobe优秀的软件兼容性。它可以非常方便地调入Photoshop和Illustrator的层文件，

图12-1　After Effects启动画面

Premiere的项目文件也可以近乎完美地再现于 After Effects中；甚至还可以调入Premiere的EDL文件。新版本还能将二维和三维在一个合成中灵活混合。

12.1.1 After Effects界面介绍

After Effects软件主要由动画项目素材窗口、预览窗口、时间线、动画控制（播放、预览）四个部分组成，如图12-2所示。

① 素材窗口：后期合成需要用到的所有素材放置区。双击窗口空白处，可以快速导入素材。

② 预览窗口：预览素材、动画效果。

③ 时间线：动画素材编辑、剪辑窗口，也是 After Effects主要编辑区。

④ 动画控制：控制动画的播放、预览。

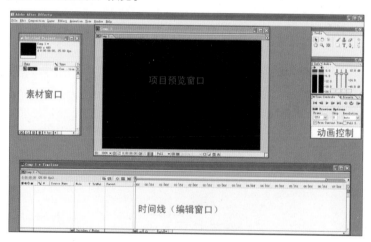

图12-2　After Effects界面

12.1.2 后期处理工作流程

3ds MAX渲染出TGA或RLA序列文件后，下一步就是进入后期软件合成输出。下面学习 After Effects完成动画后期合成的工作流程。

准备好需要合成的动画素材，3ds MAX渲染输出的合成素材文件类型很多，最常使用的是TGA序列文件，如图12-3所示，是3ds Max渲染的TGA序列文件。

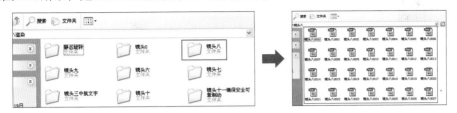

图12-3 素材序列文件

在 After Effects中，新建一个合成（Composition），修改项目名称、动画合成的画面长宽尺寸、帧速率、动画合成时间长度，如图12-4所示。

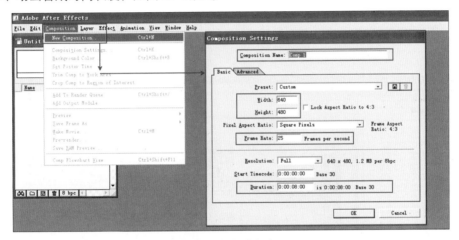

图12-4 新建合成

动画合成的画面长宽一般以动画素材长宽为标准，中国的帧速率播放标准是25帧每秒，合成的时间长度可以先给个较小值，时间长度不够可以使用Composition菜单中Composition Settings合成设置修改。

双击素材窗口空白区域，选择需要导入的动画素材，TGA序列文件需要勾选下方"Targa Sequence"序列。勾选序列后，会把前后相连的镜头关键帧画面一次导入。如图12-5所示。

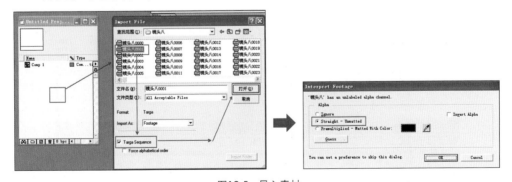

图12-5 导入素材

选择导入的素材，发现素材默认帧速率是30帧每秒，在动画素材上单击右键，在"Interpret Footage"选项中选择"Main"素材属性命令，将素材帧速率改为25帧每秒。素材属性命令的快捷键是Ctrl+F组合键，其他导入的素材同样需要更改，如图12-6所示。

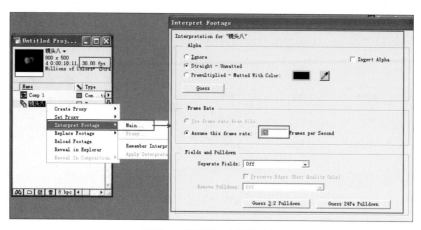

图12-6 设置导入素材帧速率

素材导入后，可以将它们依次放置在时间线上，如图12-7所示。动画镜头合理衔接，是一个需要耐心的细致过程。

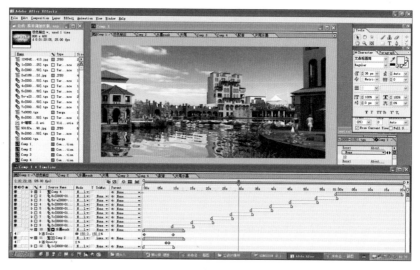

图12-7 剪辑排列素材

拖动时间线，使用B键设置动画输出的起点，拖动时间线到后方使用E键设置动画输出的终点，如图12-8所示。

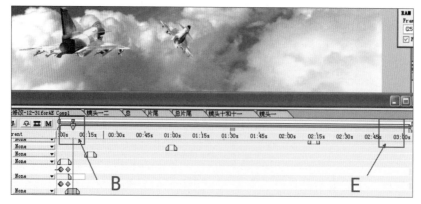

图12-8 设置合成输出的起点和终点

使用"Composition"菜单的"Make Movie"命令对合成进行渲染输出，在弹出的面板上需要修改输出设置和输出动画名称，如图12-9所示。

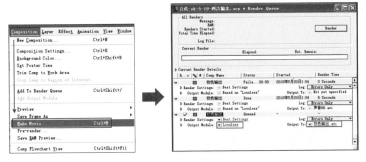

图12-9　输出

单击"Lossless"按钮，修改视频压缩格式和勾选声音输出，默认声音输出是未勾选的。对压缩格式不了解可以选择"No Compression"（未压缩），输出后用其他工具压缩，压缩方法可参考12.2节，如图12-10所示。

输出设置完成后，单击"渲染"按钮。正式输出开始，一般3分钟的合成项目需要用时10分钟左右，如图12-11所示。

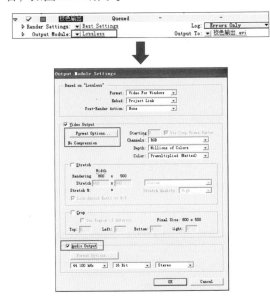

图12-10　输出设置

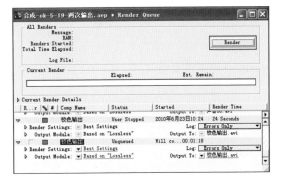

图12-11　正式输出

12.1.3　After Effects操作技巧

After Effects在时间线编辑画面时有一些常用的操作技巧，要了解After Effects合成的详细命令需要参考其他书籍资料。

（1）动画素材长度截取

有时需要截取动画或序列的某一段。双击素材，在项目预览窗口移动时间线，调整项目起点和终点位置，如图12-12所示。

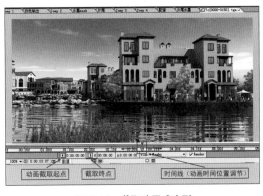

图12-12　截取动画或序列

（2）动画淡入

动画淡入淡出是常见的表现手法，能够实现镜头之间的淡入转变。淡入动画其实是动画素材的透明度关键帧动画，透明度由0%到100%就是淡入，由100%到0%就是淡出。

在时间线选择需要完成淡入淡出的素材文件，按T键调入透明度控制，将时间线移动到需要淡出的位置，按下Opacity前端的动画记录命令，如图12-13所示。

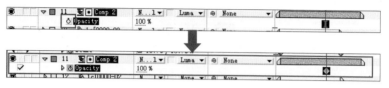

图12-13　制作动画淡入淡出

将动画时间位置移动到淡出点，调整透明度为0%，关键帧自动记录。拖动时间线查看动画，淡出完成，如图12-14所示。

图12-14　淡出完成

（3）位置移动动画

位置移动动画和透明度动画流程相同，位移动画项目栏开启的快捷键是P键。

（4）缩放动画

缩放动画和透明度动画流程相同，缩放动画项目栏开启的快捷键是S键。

（5）动画合成总体时间修改

动画合成时间长度修改是常用的操作，时间长短可以使用"Composition"菜单中"Composition Settings"合成设置修改。

（6）蒙版遮罩使用

蒙版遮罩能够产生两个图层互相影响的效果，遮罩图层最好是黑白图层，具体使用方法参考第10章。

（7）动画素材反向播放

动画素材的反向播放是动画剪辑的常用手法。选择需要反向播放的素材，单击时间线下隐藏工具按钮，显示隐藏工具，将"Time Stretch"（时间缩放）改为-100，反向播放完成，反向播放序列在时间线上有红色斑马线显示，如图12-15所示。

（8）图层混合模式修改

与Photoshop图层混合模式效果完全相同，在素材上单击右键，弹出很多混合模式。常用的有Multiply（黑色去除）与Add（正片叠底）等，如图12-16所示。

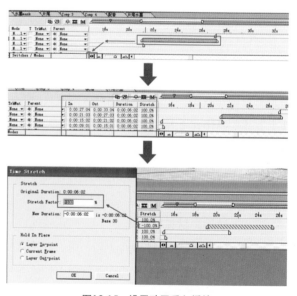

图12-15　设置动画反向播放

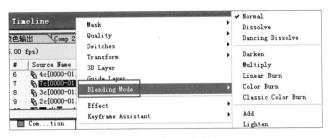

图12-16　素材混合模式

（9）动画素材亮度、对比度、色调、滤镜调节

After Effects就是一个处理动态文件的PhotoShop。能够对动画素材的亮度、对比度、色调、滤镜进行调节。选择素材后单击右键，Effect中有很多修改项目，用法与PhotoShop类似，如图12-17所示。

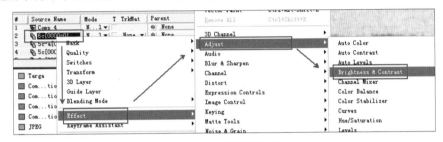

图12-17　动画素材调节

12.2　动画成片输出与压缩

动画最终成品输出不压缩是不可能的，不压缩3分钟的动画可能有2G或3G，文件太大会导致很多计算机硬件无法顺利播放。

最终动画成片输出有两种压缩模式：第一种是在After Effects中直接压缩；第二种是在After Effects中输出未压缩文件，通过其他压缩软件压缩。现在，很多设计公司与动画工作者越来越倾向于使用第二种方法。

方法一：After Effects中直接压缩输出AVI动画格式。进入输出设置的Format Options输出格式中选择压缩格式，推荐使用ffdshowVideo Codec压缩格式，如图12-18所示。

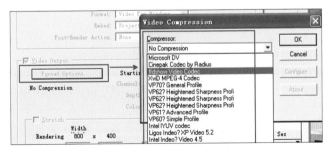

图12-18　动画输出压缩格式

方法二：After Effects输出未压缩AVI动画格式，然后使用其他压缩工具进行压缩。

介绍两款优秀的压缩工具：格式工厂和WinAVI Video Converter。

① 格式工厂（Format Factory）是一套由国人开发的，并可免费使用，任意传播的万能多媒体格

式转换软件。支持几乎所有类型多媒体格式到常用的几种格式，由文件格式造成的视频、音频解码错误问题也可以在格式工厂转换格式后解决，如图12-19所示。

图12-19　格式工厂软件界面

格式工厂操作非常简单，单击要压缩成的格式，如压缩转换为AVI文件，则在弹出的面板上选择需要压缩的文件，如图12-20所示。

图12-20　导入压缩文件

单击"开始"按钮开始压缩，格式工厂压缩开始。一般2G左右动画未压缩文件经过格式工厂几分钟压缩后只有100MB左右，而且压缩后图像质量较好，满足常规播放要求，如图12-21所示。

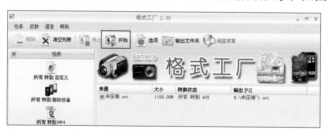

图12-21　开始压缩

格式工厂其他参数功能可对照软件中文帮助文件使用，如图12-22所示。

图12-22　格式工厂软件帮助

② 另一个压缩软件是WinAVI Video Converter。

WinAVI Video Converter是专业的视频编、解码软件。界面非常漂亮，简单易用。该软件支持包括AVI、MPEG1/2/4、VCD/SVCD/DVD、DivX、XVid、ASF、WMV、RM在内的几乎所有视频文件格式。自身支持VCD/SVCD/DVD烧录，支持AVI转DVD、AVI转VCD、AVI转MPEG、AVI转MPG、AVI转WMV、DVD转AVI以及视频到AVI/WMV/RM的转换，如图12-23所示。

图12-23　WinAVI Video Converter启动画面

WinAVI Video Converter操作也非常简单，选择压缩的目标格式，在弹出窗口中选择需要压缩的视频文件就可以了，如图12-24所示。

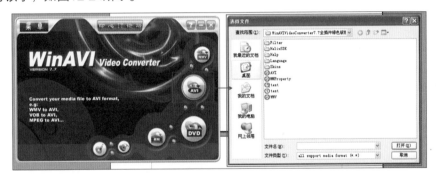

图12-24　操作方法

压缩工具和压缩输出格式各有优点，需要在动画过程中实战练习，增加使用经验。

思考题

1．简述After Effects后期制作软件的主要工作流程。

2．在建筑动画后期合成中，After Effects经常使用的快捷键有哪些？

3．格式工厂的主要功能是什么？

参考文献

REFERENCE

［1］廖建民，彭国华．3ds MAX全面攻克．哈尔滨：哈尔滨工程大学出版社，2008．

［2］彭国华，陈红娟．3ds MAX三维动画制作技法（基础篇）．北京：电子工业出版社，2009．

［3］杨兴春．3ds MAX/VRay印象超写实建筑动画表现技法．北京：人民邮电出版社，2010．

［4］火星时代．3ds MAX&VRay建筑动画火星课堂．北京：人民邮电出版社，2010．

［5］王琦．Autodesk 3ds MAX 9标准培训教材2．北京：人民邮电出版社，2007．

［6］水晶石数字教育学院．水晶石技法3ds Max建筑动画制作．北京：人民邮电出版社，2009．

［7］朱意灏，李巨韬．三维影视动画大制作．北京：兵器工业出版社，2004．

［8］陶丽等．神功利器——3DS MAX 9三维动画制作典型案例．北京：清华大学出版社，2008．